KB006579

풀

나들이도감

세밀화로 그린 보리 산들바다 도감

풀 나들이도감

그림 안경자, 송인선, 박신영, 이원우, 장순일, 윤은주
글 김창석, 구자옥, 보리 편집부
감수 박수현, 강병화, 구자옥
세밀화 디렉터 이원우

편집 김종현, 정진이
디자인 이안디자인
기획실 김소영, 김용란
제작 심준엽
영업 나길훈, 안명선, 양병희
독자 사업(잡지) 김빛나래, 정영지
새사업팀 조서연
경영 지원 신종호, 임혜정, 한선희
분해와 출력·인쇄 (주)로얄프로세스
제본 (주)상지사 P&B

1판 1쇄 펴낸 날 2016년 11월 1일 | **1판 7쇄 펴낸 날** 2023년 4월 20일
펴낸이 유문숙
펴낸 곳 (주) 도서출판 보리
출판등록 1991년 8월 6일 제 9-279호
주소 (10881) 경기도 파주시 직지길 492
전화 (031)955-3535 / **전송** (031)950-9501
누리집 www.boribook.com **전자우편** bori@boribook.com

잘못된 책은 바꾸어 드립니다.
값 12,000원

보리는 나무 한 그루를 베어 낼 가치가 있는지 생각하며 책을 만듭니다.

ISBN 978-89-8428-938-3 06470 978-89-8428-890-4 (세트)
이 도서의 국립중앙도서관 출판시도서목록(CIP)은 서지정보유통지원시스템 홈페이지(http://seoji.nl.go.kr)와 국가자료공동목록시스템(http://www.nl.go.kr/kolisnet)에서 이용하실 수 있습니다. (CIP 제어번호 : CIP2016023829)

세밀화로 그린 보리 산들바다 도감

우리 땅에 자라는 흔한 풀 100종

그림 안경자 외 | 글 김창석 외 | 감수 박수현 외

보리

일러두기

1. 아이부터 어른까지 함께 볼 수 있도록 쉽게 썼다.
2. 우리 땅에 사는 흔한 풀 100종이 실려 있다.
3. 1부에서는 풀을 찾아보기 쉽게 철 따라 피는 꽃 색깔로 나누었다. 2부는 분류 순으로 실어서 서로 닮은 풀끼리 함께 볼 수 있다.
4. 세밀화는 모두 살아 있는 풀을 보고 그렸다.
5. 풀 이름, 학명, 분류는 《국가 표준 식물 목록》, 《대한식물도감》을 따랐다.
6. 맞춤법과 띄어쓰기는 《표준국어대사전》을 따랐다.
7. 과명에 사이시옷은 적용하지 않았다.
8. 정보 상자에서 키는 땅에서 자라 나온 줄기 길이다.

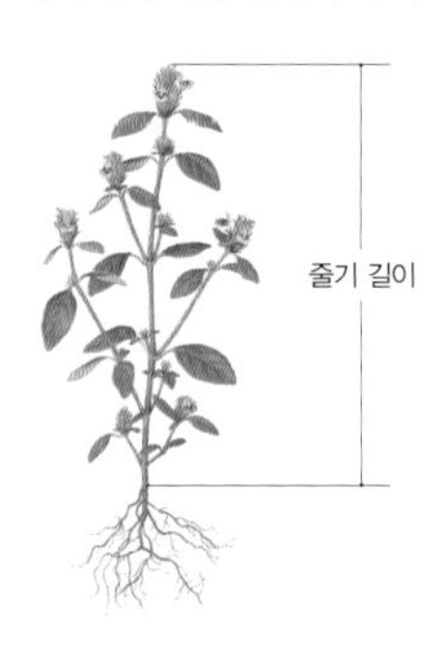

9. 본문 보기

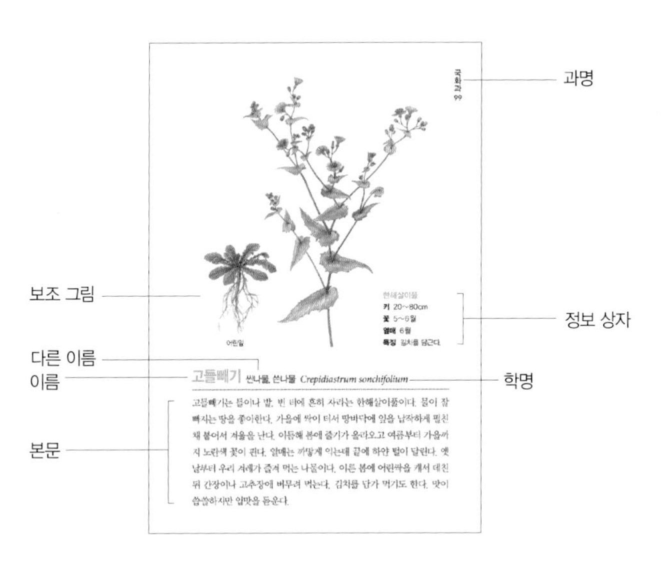

국화과 99
과명
보조 그림
어린잎
한해살이풀
키 20~80cm
꽃 5~6월
열매 6월
특징 김치를 담근다.
정보 상자
다른 이름
이름
고들빼기 씬나물, 쓴나물 *Crepidiastrum sonchifolium*
학명
본문
고들빼기는 들이나 밭, 빈 터에 흔히 자라는 한해살이풀이다. 물이 잘 빠지는 땅을 좋아한다. 가을에 싹이 터서 땅바닥에 잎을 납작하게 펼친 채 붙어서 겨울을 난다. 이듬해 봄에 줄기가 올라오고 여름부터 가을까지 노란색 꽃이 핀다. 열매는 까맣게 익는데 끝에 하얀 털이 달린다. 옛날부터 우리 겨레가 즐겨 먹는 나물이다. 이른 봄에 어린싹을 캐서 데친 뒤 간장이나 고추장에 버무려 먹는다. 김치를 담가 먹기도 한다. 맛이 씁쓸하지만 입맛을 돋운다.

풀 나들이도감

풀 더 알아보기

찾아보기

그림으로 찾아보기

봄에 피는 꽃

하얀 꽃

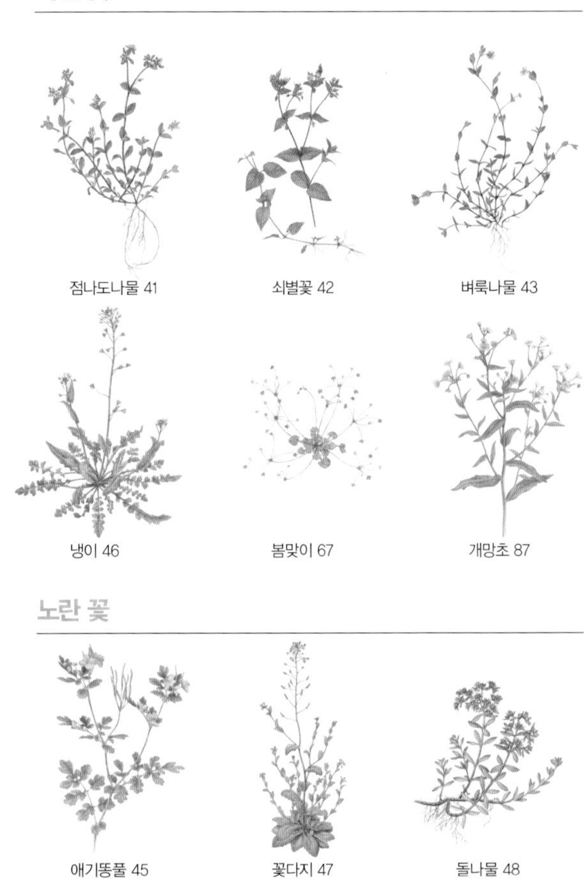
점나도나물 41
쇠별꽃 42
벼룩나물 43
냉이 46
봄맞이 67
개망초 87
노란 꽃
애기똥풀 45
꽃다지 47
돌나물 48

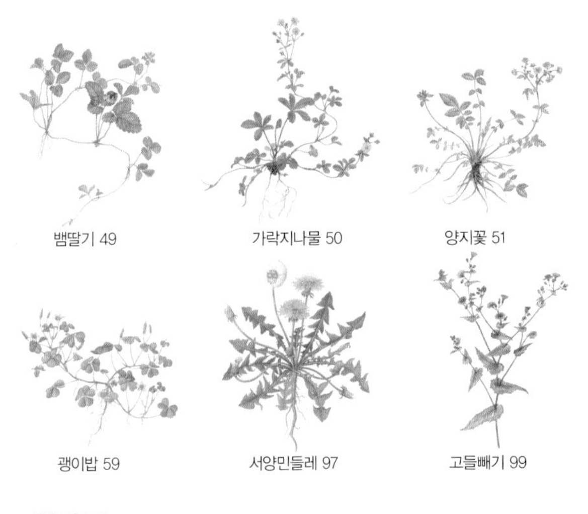

뱀딸기 49 가락지나물 50 양지꽃 51

괭이밥 59 서양민들레 97 고들빼기 99

빨간 꽃

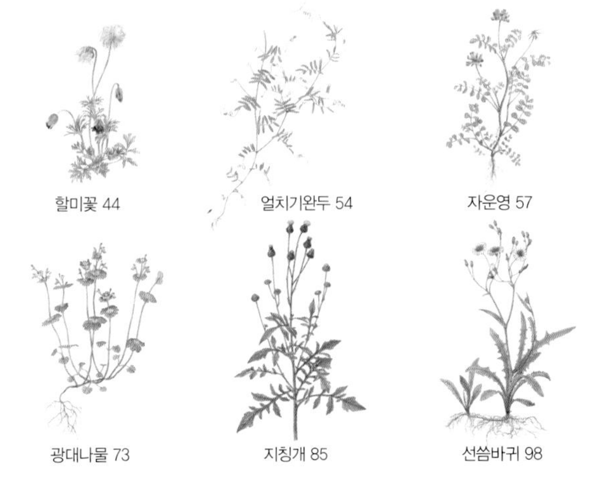

할미꽃 44 얼치기완두 54 자운영 57

광대나물 73 지칭개 85 선씀바귀 98

보라 꽃

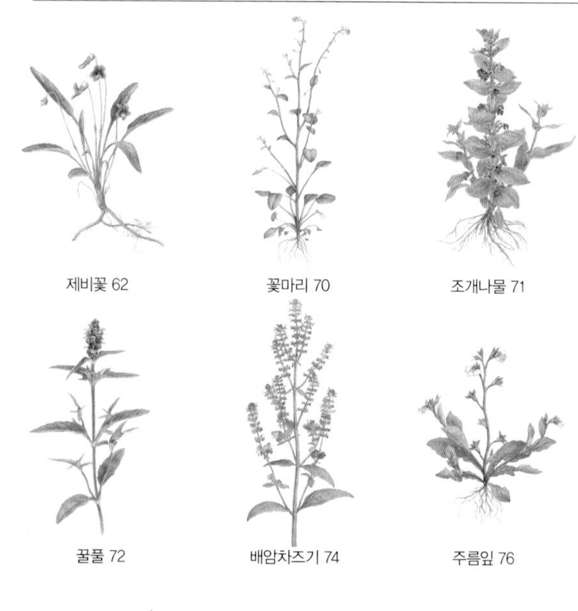

제비꽃 62

꽃마리 70

조개나물 71

꿀풀 72

배암차즈기 74

주름잎 76

큰개불알풀 78

풀빛 꽃

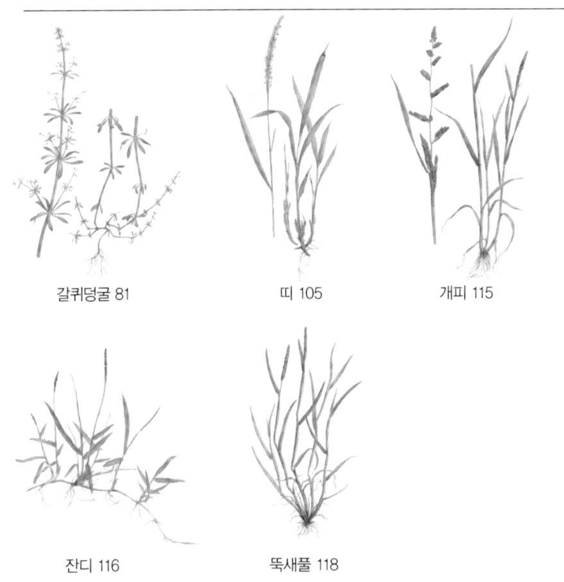

갈퀴덩굴 81

띠 105

개피 115

잔디 116

뚝새풀 118

여름에 피는 꽃

하얀 꽃

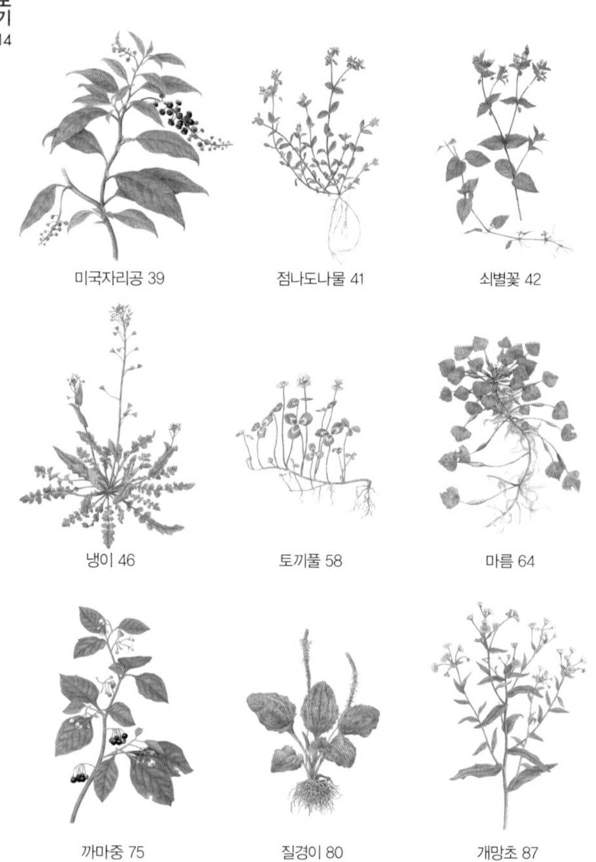

미국자리공 39 · 점나도나물 41 · 쇠별꽃 42

냉이 46 · 토끼풀 58 · 마름 64

까마중 75 · 질경이 80 · 개망초 87

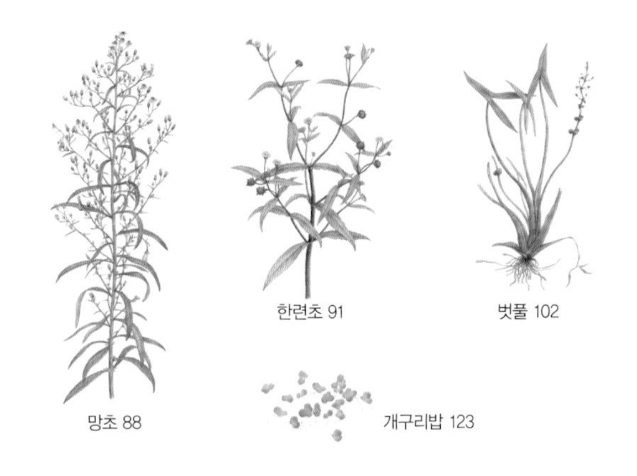

망초 88

한련초 91

벗풀 102

개구리밥 123

노란 꽃

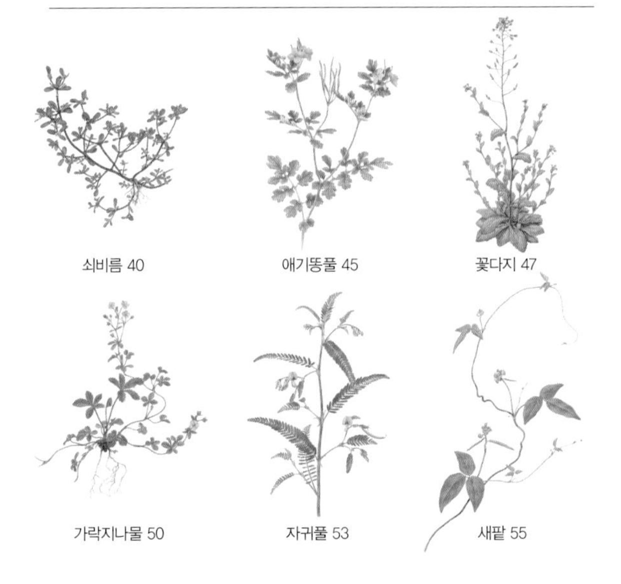

쇠비름 40

애기똥풀 45

꽃다지 47

가락지나물 50

자귀풀 53

새팥 55

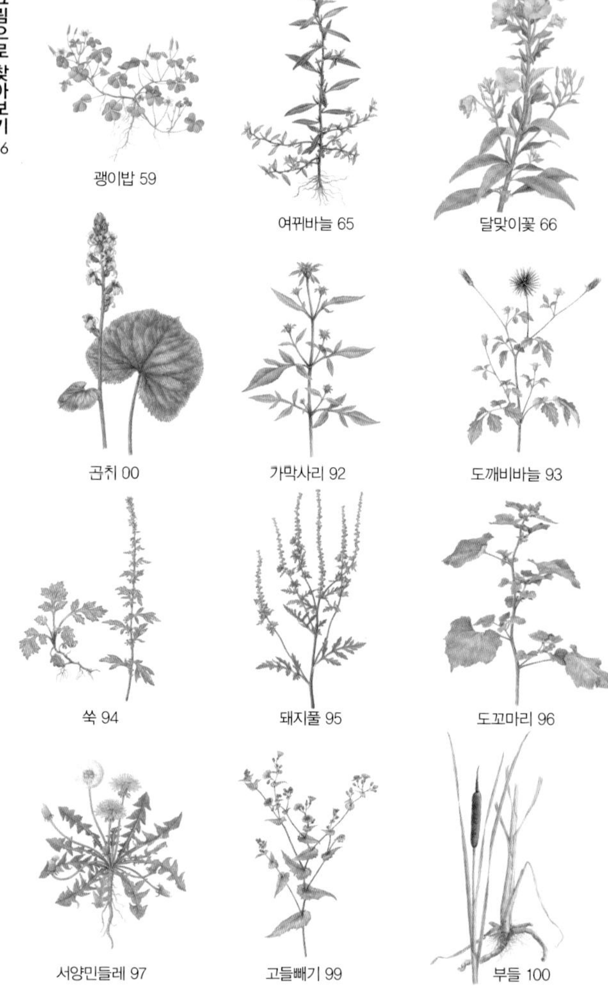
괭이밥 59
여뀌바늘 65
달맞이꽃 66
곰취 00
가막사리 92
도깨비바늘 93
쑥 94
돼지풀 95
도꼬마리 96
서양민들레 97
고들빼기 99
부들 100

빨간 꽃

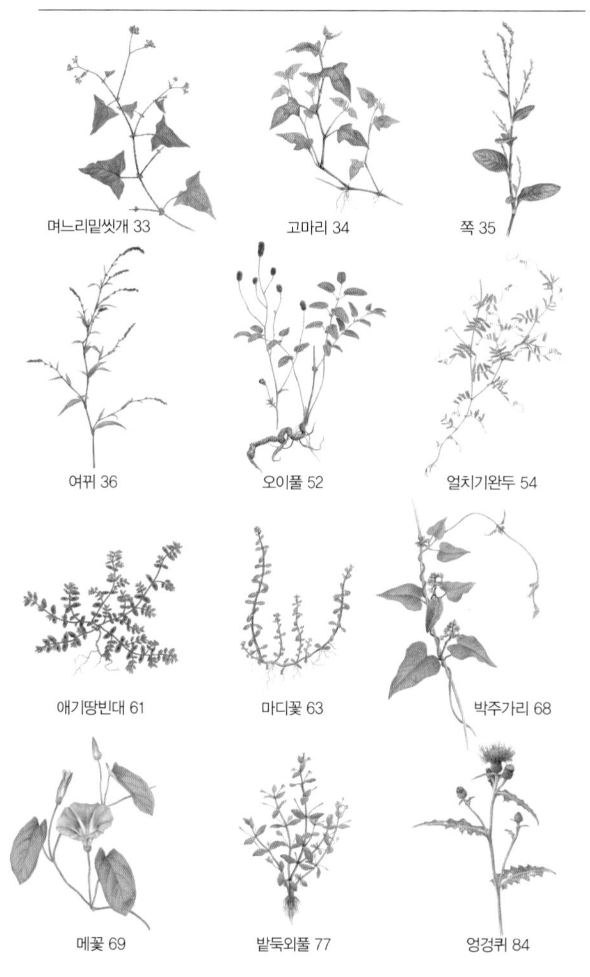
며느리밑씻개 33
고마리 34
쪽 35
여뀌 36
오이풀 52
얼치기완두 54
애기땅빈대 61
마디꽃 63
박주가리 68
메꽃 69
밭둑외풀 77
엉겅퀴 84

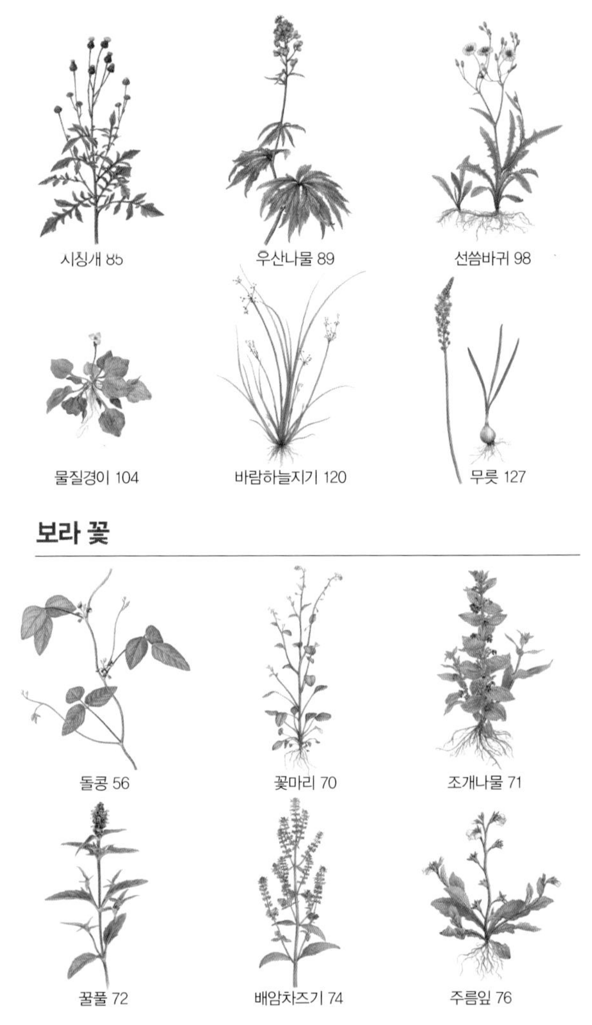

보라 꽃

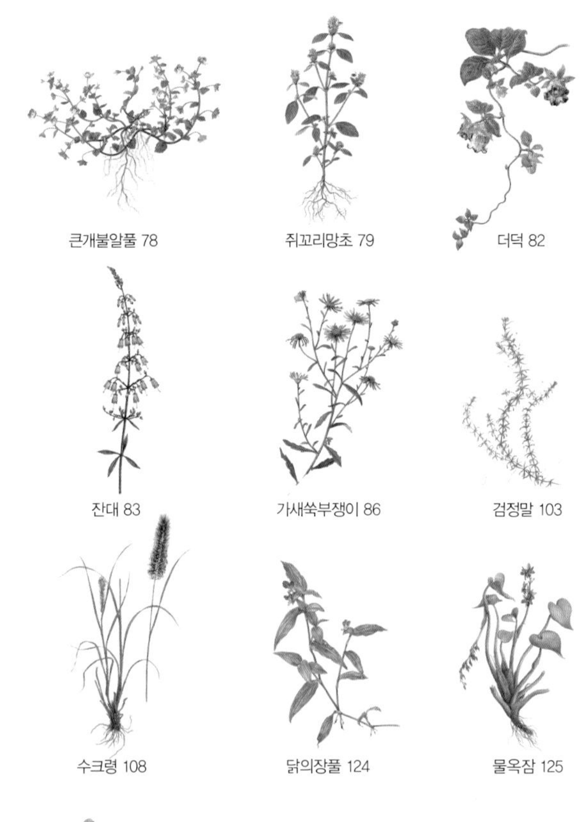

큰개불알풀 78

쥐꼬리망초 79

더덕 82

잔대 83

가새쑥부쟁이 86

검정말 103

수크령 108

닭의장풀 124

물옥잠 125

물달개비 126

풀빛 꽃

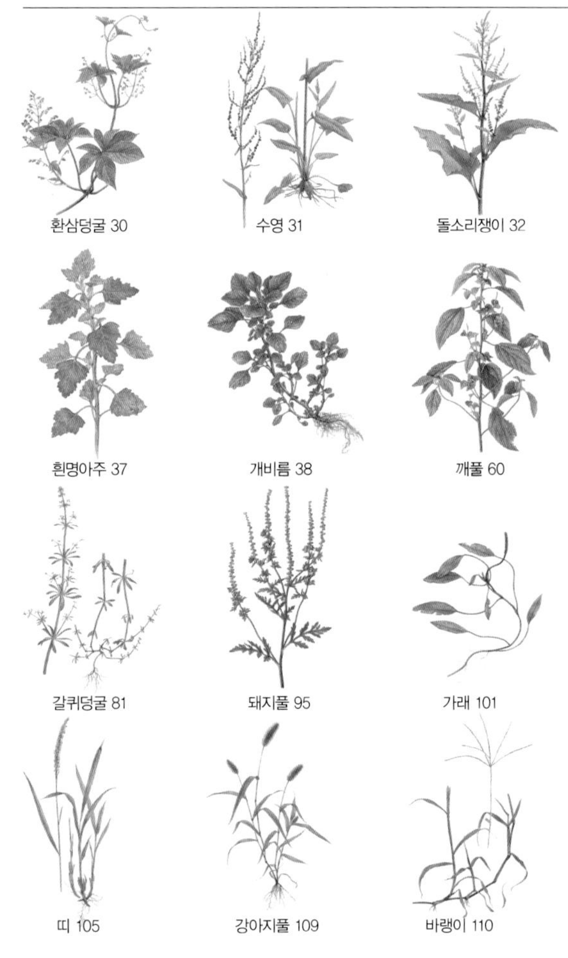
환삼덩굴 30
수영 31
돌소리쟁이 32
흰명아주 37
개비름 38
깨풀 60
갈퀴덩굴 81
돼지풀 95
가래 101
띠 105
강아지풀 109
바랭이 110

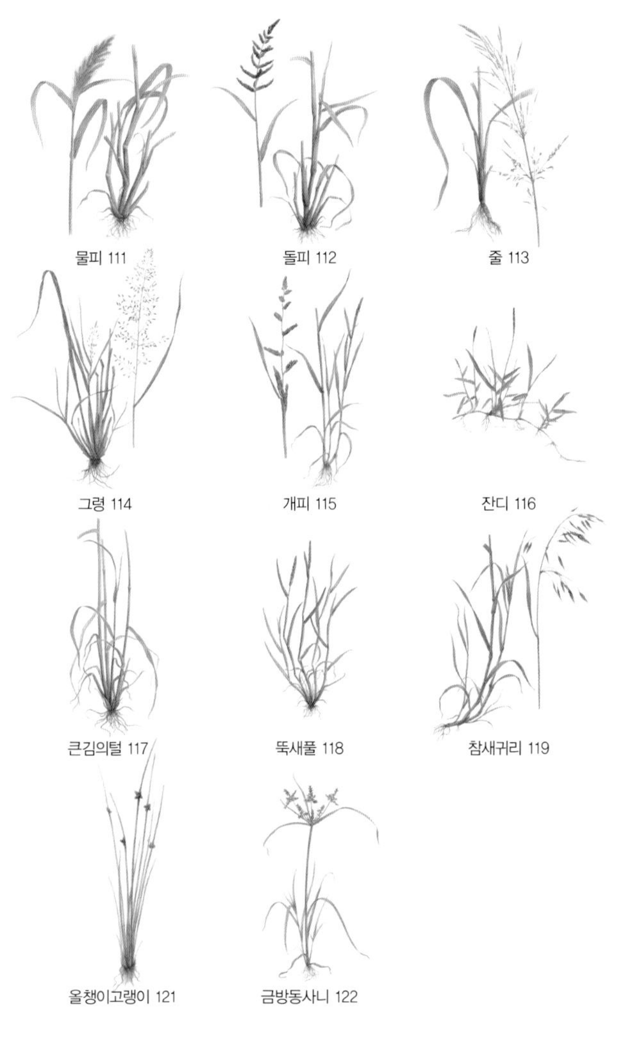
물피 111
돌피 112
줄 113
그령 114
개피 115
잔디 116
큰김의털 117
뚝새풀 118
참새귀리 119
올챙이고랭이 121
금방동사니 122

가을에 피는 꽃

하얀 꽃

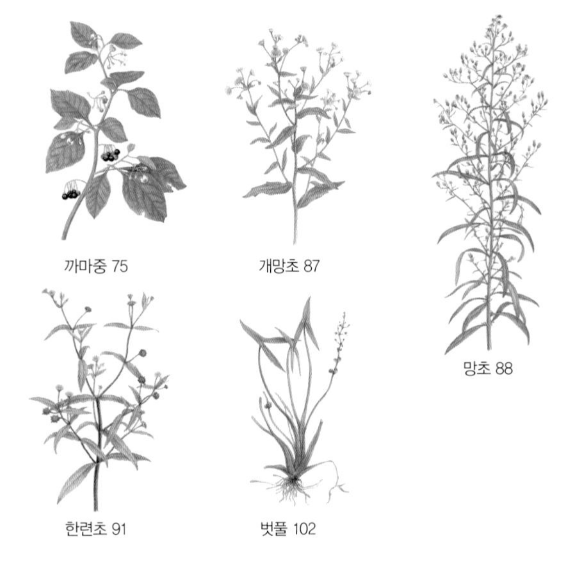

까마중 75
개망초 87
망초 88
한련초 91
벗풀 102

노란 꽃

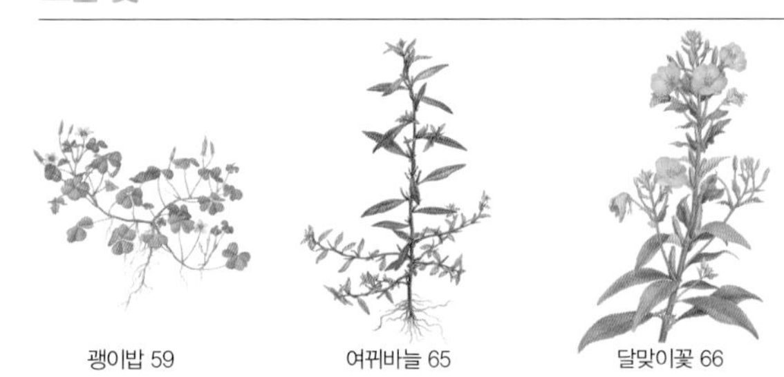

괭이밥 59
여뀌바늘 65
달맞이꽃 66

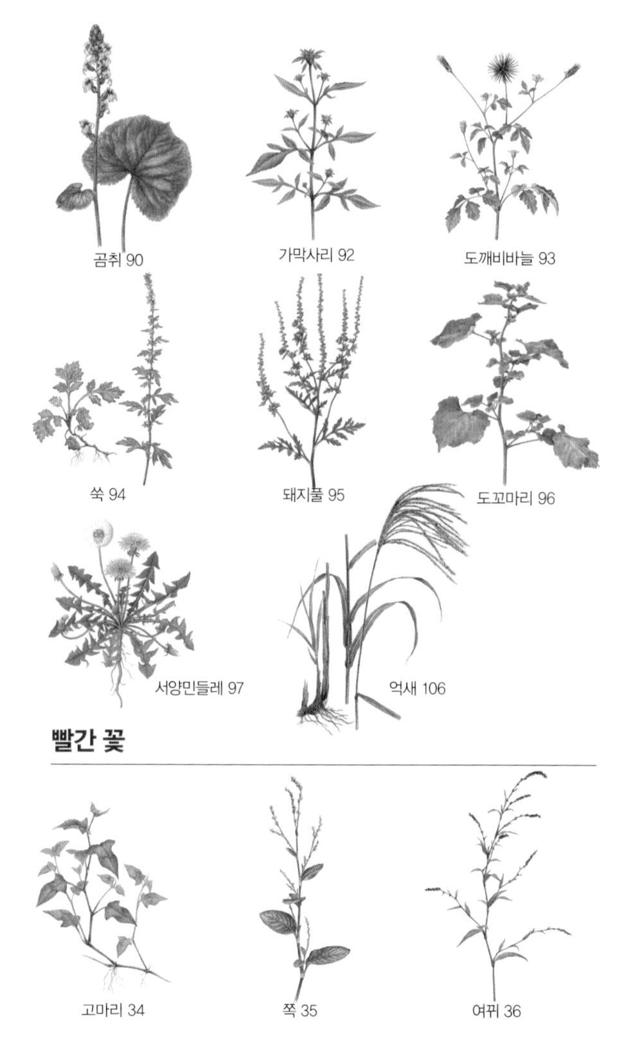
곰취 90
가막사리 92
도깨비바늘 93
쑥 94
돼지풀 95
도꼬마리 96
서양민들레 97
억새 106
빨간 꽃
고마리 34
쪽 35
여뀌 36

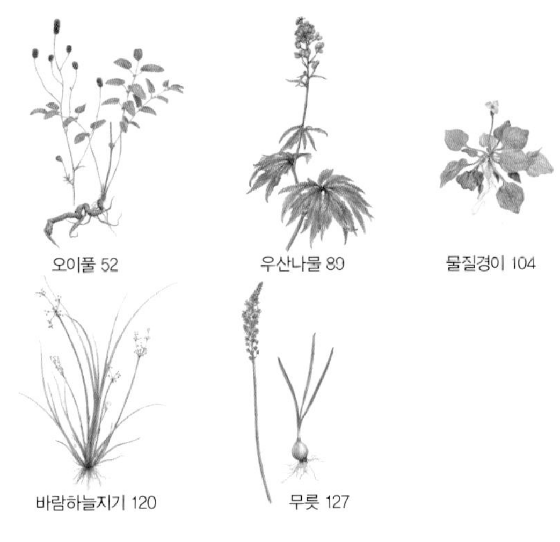

오이풀 52

우산나물 89

물질경이 104

바람하늘지기 120

무릇 127

보라 꽃

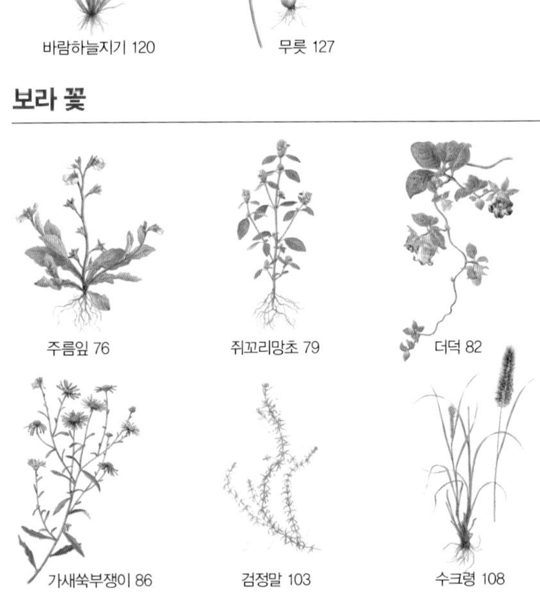

주름잎 76

쥐꼬리망초 79

더덕 82

가새쑥부쟁이 86

검정말 103

수크령 108

물달개비 126

풀빛 꽃

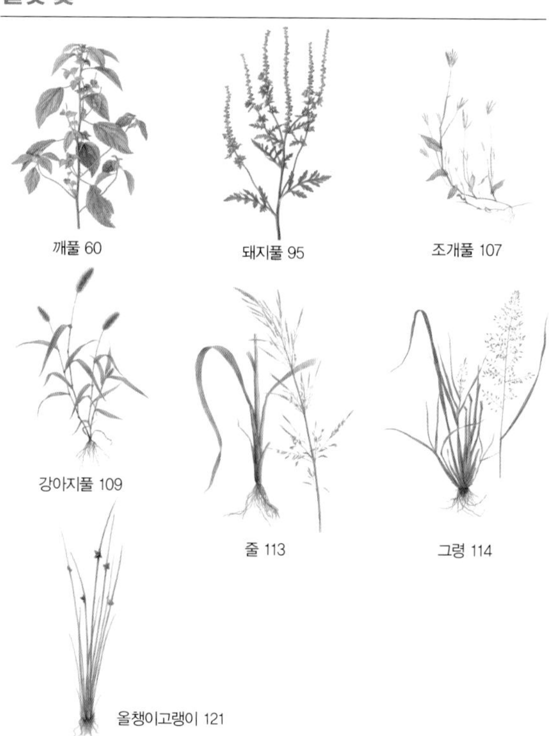

깨풀 60

돼지풀 95

조개풀 107

강아지풀 109

줄 113

그령 114

올챙이고랭이 121

우리 땅에 자라는 풀

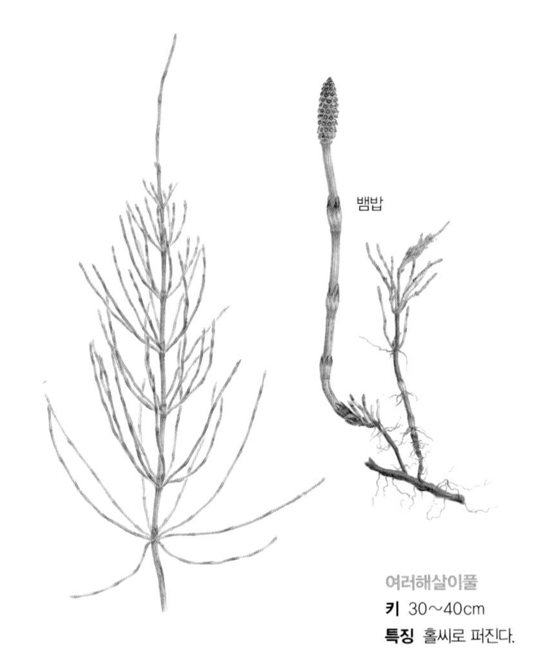

여러해살이풀
키 30~40cm
특징 홀씨로 퍼진다.

쇠뜨기 쇠띠, 뱀밥 *Equisetum arvense*

소가 잘 뜯어 먹는다고 '쇠뜨기'다. 하지만 소가 먹으면 배탈이 나고 설사를 한다. 볕이 잘 들고 물기가 많은 땅에서 자라는 여러해살이풀이다. 땅속에서 뿌리줄기가 뻗어 나가며 넓게 퍼지고, 고사리처럼 홀씨로도 퍼진다. 이른 봄에 뿌리줄기에서 불그스름한 연한 줄기가 올라오는데 줄기 끝에 홀씨주머니가 달린다. 뱀 머리처럼 생겼다고 '뱀밥'이라고도 한다. 줄기는 20cm쯤 자라고 늦봄에 주머니에서 홀씨가 나와 바람에 날리거나 짐승 몸에 붙어서 퍼진다.

여러해살이풀
키 1m쯤
특징 나물로 먹는다.

고사리 *Pteridium aquilinum* var. *latiusculum*

고사리는 산에서 자라는 여러해살이풀이다. 나무 아래 그늘지고 축축한 곳을 좋아한다. 줄기는 따로 없고 줄기처럼 보이는 것은 기다란 잎자루다. 이른 봄에 잎자루가 올라오면 잎이 펴지기 전에 꺾어서 먹는다. 독이 있어서 그냥 먹으면 안 된다. 뜨거운 물에 삶아서 독을 우려낸 뒤 말렸다가 물에 불려서 볶아 먹는다. 고사리는 꽃이 피지 않고 홀씨로 퍼진다. 잎 뒷쪽 가장자리에 밤색 홀씨주머니가 생겨서 홀씨를 퍼트린다.

한해살이풀
키 2~3m
꽃 7~8월
열매 9~10월
특징 잎이 손바닥 같다.

환삼덩굴 한삼덩굴 *Humulus japonicus*

환삼덩굴은 덩굴지는 한해살이풀이다. 길가, 집 둘레, 밭, 과수원, 강둑, 산기슭에서 흔히 본다. 줄기가 땅 위를 기면서 자라다가 키가 큰 풀이나 나무를 만나면 거칠거칠한 가시를 잇대어 걸고 빙 둘러 감아 오른다. 풀숲을 뒤덮기도 한다. 너무 많이 퍼지면 다른 풀이나 나무가 못 자란다. 여름에 꽃이 피는 암수딴그루다. 수꽃은 고깔 모양이고 암꽃은 동그랗게 모여 핀다. 열매는 가을에 맺는데 둥글납작하다. 들쥐나 새가 씨앗을 먹어서 퍼트린다.

여러해살이풀
키 30~80cm
꽃 5~6월
열매 8월
특징 암수딴그루다.

수영 시금초, 괴싱아 *Rumex acetosa*

수영은 볕이 잘 드는 기름진 땅에서 자라는 여러해살이풀이다. 줄기와 잎을 먹으면 신맛이 난다고 '시금초'라고도 한다. 수영은 소리쟁이랑 닮았는데 잎이 훨씬 작다. 가을에 싹이 나서 겨울을 보내고, 이듬해 봄에 줄기가 올라온다. 오뉴월에 꽃이 피는 암수딴그루다. 꽃가루가 바람에 날려 암꽃에 붙는다. 꽃이 지면 세모지고 까만 열매가 달린다. 봄에 어린순을 데쳐서 나물로 먹거나 국을 끓여 먹는다. 옴이 올랐을 때 뿌리와 줄기를 짓찧어 바르면 잘 가라앉는다.

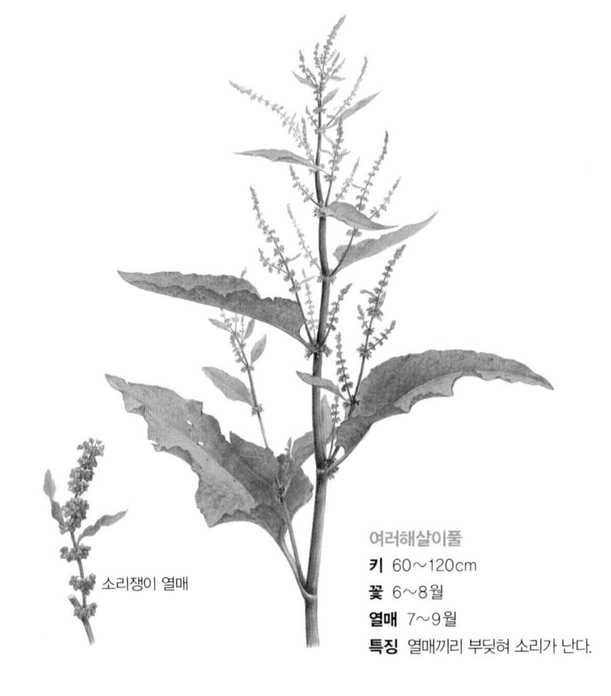

여러해살이풀
키 60~120cm
꽃 6~8월
열매 7~9월
특징 열매끼리 부딪혀 소리가 난다.

돌소리쟁이 소리쟁이 *Rumex obtusifolius*

돌소리쟁이는 유럽에서 들어온 여러해살이풀이다. 집 둘레나 길가, 산기슭, 강둑, 과수원에 흔하다. 밭에 한번 뿌리를 내리면 없애기 힘들다. 돌소리쟁이는 소리쟁이와 닮았는데 훨씬 크다. 자잘한 열매들이 바람에 흔들리며 소리를 낸다고 '소리쟁이'라는 이름이 붙었다. 여름에서 가을 사이에 싹이 트고 땅에 바짝 붙어서 겨울을 난다. 봄이 되면 줄기가 곧게 자란다. 꽃은 6~8월에 핀다. 씨앗은 날개처럼 생긴 꽃받침에 싸여 있어서 바람을 타고 멀리 날아간다.

여러해살이풀
키 1~2m
꽃 7~8월
열매 9월
특징 줄기와 잎에 가시가 있다.

며느리밑씻개 가시모밀 *Persicaria senticosa*

며느리밑씻개는 덩굴로 자라는 여러해살이풀이다. 길가나 풀밭, 볕이 잘 드는 산기슭에 흔하다. 줄기와 잎에 난 가시가 억세서 긁히면 아주 따갑다. 줄기가 길게 뻗고 여러 갈래로 갈라진다. 줄기는 가늘고 빨갛고 네모나다. 잎은 세모꼴이다. 잎자루에도 가시가 있고 턱잎이 있다. 여름에 피는 꽃은 가지 끝에 둥글게 모여 달린다. 어린잎은 나물로 먹는데 신맛이 난다. 다 자란 잎은 짓찧거나 말렸다가 가루를 내서 부스럼이나 습진에 약으로 쓴다.

한해살이풀
키 30~70cm
꽃 8~9월
열매 10~11월
특징 물을 맑게 한다.

고마리 고만이 *Persicaria thunbergii*

고마리는 물가에서 흔히 보는 한해살이풀이다. 산속 약수터 둘레나 도랑 둘레, 논둑에서 자란다. 한번 자라면 빨리 퍼진다. 줄기는 땅 위를 기고 끝으로 갈수록 비스듬하게 선다. 누운 줄기 마디에서 뿌리를 내린다. 줄기는 모가 나고 갈고리 같은 잔가시가 성글게 나 있다. 잎은 어긋나고 세모꼴인데 방패처럼 생겼다. 8~9월에 하얗거나 분홍빛 꽃이 줄기 끝에 뭉쳐서 핀다. 열매는 가을에 익는다. 세모꼴이고 잿빛 밤색이다. 어린 순은 나물로 먹는다.

한해살이풀
키 40~60cm
꽃 8~10월
열매 10월
특징 잎으로 물을 들인다.

쪽 청대, 남실 *Persicaria tinctoria*

쪽은 축축한 곳에서 자라는 한해살이풀이다. 여뀌와 닮았는데 여뀌보다 잎이 훨씬 넓고 줄기에서도 가지를 많이 친다. 줄기는 곧게 서고 자주빛이며 털은 없다. 잎은 어긋나고 달걀꼴이다. 8~10월에 가지 끝에 꽃이 줄줄이 붙어서 핀다. 쪽은 옛날부터 물감으로 썼다. 잎으로 천에 물을 들이면 맑고 푸른색을 얻을 수 있다. 잎과 열매는 독을 풀고 열을 내리는 약으로도 쓴다. 한방에서는 열매를 '남실'이라고 하고, 가루 낸 것은 '청대'라고 한다.

한해살이풀
키 40~80cm
꽃 6~9월
열매 10월
특징 매운맛이 난다.

여뀌 버들여뀌 *Persicaria hydropiper*

여뀌는 물가에 덤불을 이루며 자라는 한해살이풀이다. 논둑에 많다. 줄기 아래쪽은 누워서 퍼지고 위쪽은 곧게 선다. 잎은 버들잎처럼 생겼다. 6~9월에 연분홍색 꽃이삭이 핀다. 가을에 이삭이 여물면 바람에 날리거나 짐승 몸에 붙어서 퍼진다. 줄기가 땅에 닿으면 마디에서 뿌리를 내려 퍼지기도 한다. 줄기와 잎을 씹으면 입안이 얼얼하도록 맵다. 여뀌를 짓찧어 개울물에 풀면 물고기가 비실거리며 떠올라서 쉽게 물고기를 잡을 수 있다.

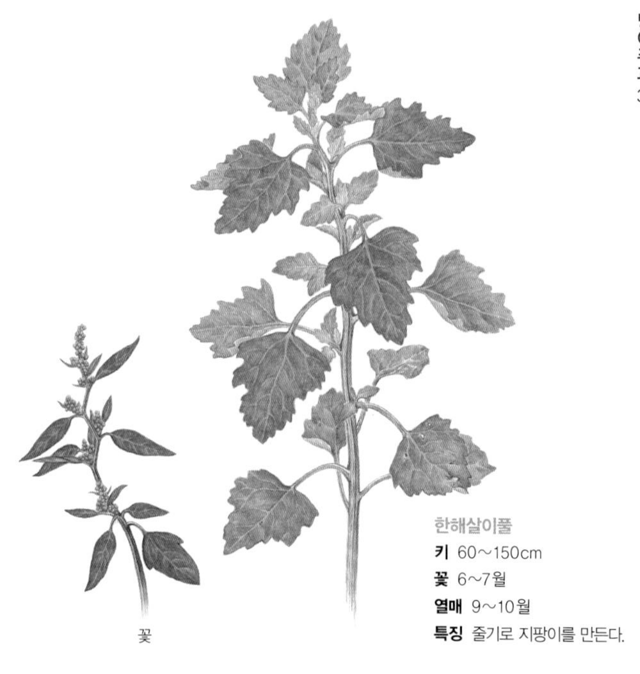

한해살이풀
키 60~150cm
꽃 6~7월
열매 9~10월
특징 줄기로 지팡이를 만든다.

흰명아주 흰능쟁이 *Chenopodium album*

흰명아주는 볕이 잘 드는 밭이나 집 둘레나 길가에서 자라는 한해살이풀이다. 어디서나 잘 자라서 명아주 무리 가운데 가장 흔하다. 키가 아주 큰데 2m 넘게 크기도 한다. 줄기는 곧게 자라고 나무처럼 단단해진다. 줄기에 풀색 세로줄이 난다. 잎 가장자리는 톱니가 물결처럼 나 있다. 잎자루가 길고 세모꼴이다. 여름 들머리에 꽃이 줄기 끝에 모여 핀다. 가을에 열매가 다 익으면 씨앗이 튀어나와 바람이나 빗물을 타고 퍼진다. 어린잎은 데쳐서 나물로 먹는다.

한해살이풀
키 30~80cm
꽃 6~7월
열매 8~9월
특징 나물로 먹는다.

개비름 참비름, 비름나물 *Amaranthus lividus*

개비름은 우리가 흔히 먹는 '비름나물'이다. 밭 둘레, 과수원, 들판에서 흔히 자라는 한해살이풀이다. 볕이 잘 들고 물기가 있는 기름진 땅을 좋아한다. 줄기가 아래쪽에서 많이 갈라지고 온몸에 털이 없고 매끈하다. 6~7월에 잎겨드랑이에서 풀빛 꽃이삭이 자잘자잘 핀다. 열매가 익으면 갈라져서 속에 있는 까만 씨앗이 나온다. 연한 잎과 줄기를 뜯어서 데친 뒤 고추장에 무쳐 먹거나 된장국에 넣어 먹는다. 요즘은 사람들이 많이 찾아서 일부러 심어 기른다.

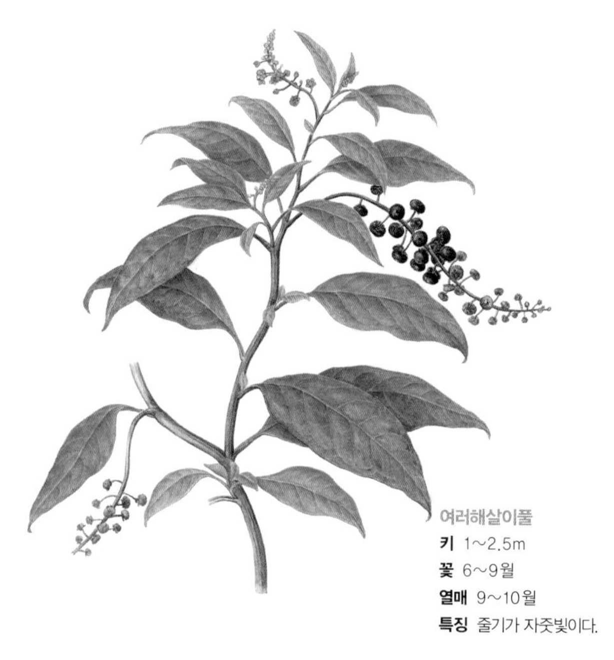

여러해살이풀
키 1~2.5m
꽃 6~9월
열매 9~10월
특징 줄기가 자줏빛이다.

미국자리공 빨간자리공 *Phytolacca americana*

미국자리공은 1950년쯤 미국에서 들어온 여러해살이풀이다. 집 둘레나 길가, 빈 땅에서 잘 자란다. 줄기는 곧추서고 자주색이다. 6~9월에 불그스름한 하얀 꽃이 핀다. 열매는 포도송이처럼 열린다. 옷이 열매에 닿아 물들면 색이 잘 안 빠진다. 열매는 잉크를 만들 때 쓴다. 뿌리는 피부병이나 종기에 약으로 쓴다. 어린순을 데쳐 먹기도 하는데 열매는 독이 있어서 먹으면 안 된다. 우리가 흔히 보는 자리공은 거의 미국자리공이다. 토박이 자리공은 드물다.

한해살이풀
키 15~30cm
꽃 6~8월
열매 9~10월
특징 줄기와 잎이 통통하다.

쇠비름 말비름, 돼지풀 *Portulaca oleracea*

쇠비름은 밭에서 흔히 자라는 한해살이풀이다. 줄기가 땅에 납작하게 붙어서 바닥을 기며 자라고 여러 갈래로 뻗는다. 줄기와 잎이 통통하다. 쇠비름은 워낙 끈질겨서 잘 안 죽는다. 밭에서 뽑아 밭둑에 던져 놓아도 곧잘 뿌리를 내린다. 줄기와 잎에 물이 많아서 햇살이 뜨거워도 잘 버틴다. 줄기가 호미에 잘려 나가도 땅에 닿아 있으면 뿌리가 새로 돋는다. 부드러운 잎과 줄기는 소금물에 데쳐 묵나물로 갈무리해 두었다가 먹는다.

한해살이풀
키 15~25cm
꽃 5~7월
열매 10월
특징 나물로 먹는다.

점나도나물 *Cerastium holosteoides* var. *hallaisanense*

점나도나물은 밭이나 논둑, 길가에 흔히 자라는 한해살이풀이다. 가을에 싹이 터서 겨울을 나고 이듬해 봄에 자란다. 줄기는 무더기로 모여난다. 잎은 마주나고 잔털이 퍼져 있다. 5~7월에 하얀 꽃이 줄기 끝에 모여 핀다. 꽃이 핀 뒤 꽃대가 아래를 보고 고개를 숙이면서 열매가 달린다. 열매는 둥근 통처럼 생겼고 연한 밤색인데 익으면 터진다. 이른 봄에 어린순을 뜯어서 나물로 먹는다.

여러해살이풀
키 20~50cm
꽃 5~8월
열매 6월부터
특징 나물로 먹는다.

쇠별꽃 별꽃, 아장초 *Stellaria aquatica*

쇠별꽃은 기름진 땅에서 자라는 여러해살이풀이다. 물기가 많고 그늘진 곳을 좋아하지만 마른 곳에서도 잘 산다. 별꽃과 닮았는데 쇠별꽃 잎과 꽃이 더 크다. 5~8월에 작고 하얀 꽃이 핀다. 씨앗은 물에 흘러가거나 바람에 날려 널리 퍼진다. 사람이나 짐승 몸에 붙어서 퍼지기도 한다. 줄기와 잎을 뜯어서 피를 맑게 하고 젖이 잘 나오게 하는 약으로 쓴다. 봄에 나는 어린싹은 나물로 먹는다.

두해살이풀
키 15~25cm
꽃 4~5월
열매 7월
특징 별꽃과 닮았다.

벼룩나물 들별꽃 *Stellaria alsine* var. *undulata*

잎도 작고 꽃도 작아서 '벼룩나물'이다. 밭 둘레나 논둑, 집 둘레, 냇가에 흔히 자라는 두해살이풀이다. 기름지고 물기가 많은 땅을 좋아한다. 가을에 싹이 터서 겨울을 난다. 이듬해 봄여름에 하얀 꽃이 피고 열매를 맺는다. 줄기는 가늘고 털이 없다. 뿌리 쪽에서 가지를 많이 친다. 어린순은 나물로 먹는데 풋내가 안 나서 익히지 않고 그대로 먹는다. 뿌리째 캐서 멍이 들었을 때 짓이겨 바르면 잘 낫는다.

여러해살이풀
키 30~40cm
꽃 3~4월
열매 6~7월
특징 독이 있다.

할미꽃 *Pulsatilla koreana*

할미꽃은 산비탈이나 들에서 자라는 여러해살이풀이다. 바람이 잘 통하고 볕이 잘 드는 곳을 좋아한다. 굵은 뿌리가 땅속 깊이 박혀 겨울을 난다. 이른 봄에 뿌리에서 잎이 뭉쳐나고 꽃대가 올라온다. 줄기와 잎, 꽃 뒷면에는 하얀 털이 빽빽이 나는데 만지면 보드랍다. 종처럼 생긴 꽃은 아래로 고개를 떨구고 핀다. 뿌리째 캐서 약으로 쓰지만 독이 있어서 함부로 먹으면 안 된다. 봄에 나온 어린잎도 쑥과 똑 닮아서 잘못 캐지 않도록 조심해야 한다.

한해살이풀
키 30~70cm
꽃 5~8월
열매 9월
특징 줄기에서 노란 물이 나온다.

애기똥풀 젖풀 *Chelidonium majus* var. *asiaticum*

줄기나 잎에 상처가 나면 샛노란 물이 나오는데 꼭 아기 똥 같다고 '애기똥풀'이다. 볕이 잘 드는 밭둑이나 길가에 흔한 한해살이풀이다. 줄기와 잎 뒤쪽에 보송보송한 털이 있다. 잎 가장자리가 제멋대로 움푹움푹 파인다. 씨앗에는 하얀 알갱이가 붙어 있는데 이 알갱이를 개미들이 좋아한다. 개미가 알갱이만 떼어 먹고 씨앗을 버려서 여기저기 퍼진다. 꽃과 잎, 줄기로 옷감에 노란 물을 들인다. 샛노란 꽃이 예뻐서 일부러 심어 기르기도 한다.

한해살이풀
키 10~50cm
꽃 4~5월
열매 4~6월
특징 나물로 먹는다.

냉이 나생이, 나숭게 *Capsella bursa-pastoris*

냉이는 봄나물로 많이 먹는 한해살이풀이다. 볕이 잘 드는 들이나 밭, 길가에 흔히 자란다. 잎은 땅에 바짝 붙어 겨울을 난다. 4~5월에 줄기가 쑥 올라오고 끝에 하얀 꽃이 모여 핀다. 꽃이 지면 꽃자루 끝에 심장처럼 생긴 열매가 달린다. 이른 봄에 눈이 녹으면 겨울을 난 싹을 뿌리째 캐서 살짝 데쳐 무쳐 먹는다. 된장국에 넣거나 콩가루를 묻혀 냉잇국을 끓인다. 쌉싸래하고 향긋하다. 눈을 밝게 하고 위를 튼튼하게 하는 약으로도 쓴다.

한해살이풀
키 35cm
꽃 4~6월
열매 7~8월
특징 나물로 먹는다.

꽃다지 두루미냉이 *Draba nemorosa*

꽃다지는 밭둑이나 길가에서 흔히 자라는 한해살이풀이다. 냉이와 닮아서 '두루미냉이'라고도 한다. 냉이는 꽃이 하얗고 꽃다지는 노랗다. 꽃다지는 냉이처럼 봄에 캐서 나물로 먹는다. 어린잎과 줄기를 살짝 데쳐 먹는다. 가을에 싹이 터서 잎자루 없는 잎이 땅바닥에 바짝 붙어 겨울을 난다. 이듬해 봄이 되면 줄기가 올라온다. 4~6월에 줄기 끝에 노란 꽃이 여러 송이 모여 핀다. 주걱처럼 생긴 꽃잎이 넉 장 달린다. 씨앗을 말려서 기침이 날 때 가루 내서 먹으면 좋다.

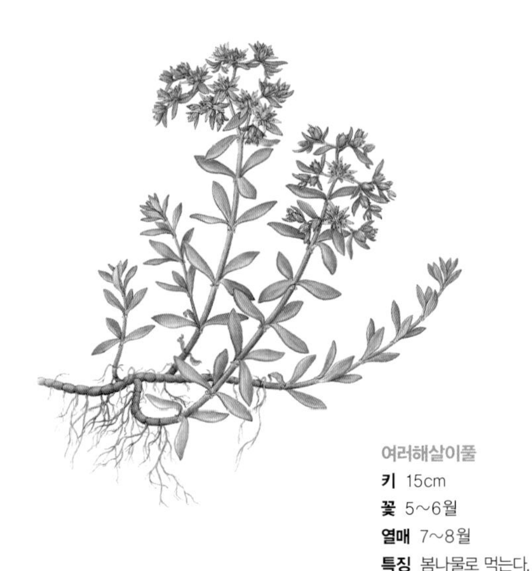

여러해살이풀
키 15cm
꽃 5~6월
열매 7~8월
특징 봄나물로 먹는다.

돌나물 돈나물 *Sedum sarmentosum*

돌나물은 축축한 바위틈에서 자라는 여러해살이풀이다. 돌 틈에서 잘 자란다고 '돌나물'이다. 옛날부터 나물로 많이 먹었다. 집 둘레에 저절로 자라기도 하는데 먹으려고 일부러 심기도 한다. 줄기를 잘라 땅에 묻어 두면 금세 뿌리를 내리고 퍼진다. 줄기는 땅 위를 기면서 자라는데 마디에서 새 뿌리가 나온다. 잎은 물이 많아서 통통하다. 오뉴월에 별처럼 생긴 노란 꽃이 여러 개 모여 핀다. 이른 봄에 캐어다가 나물로 무쳐 먹고 물김치도 담가 먹는다.

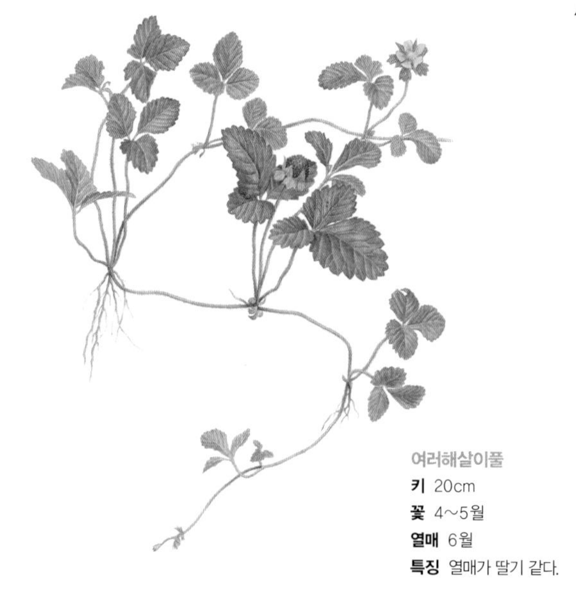

여러해살이풀
키 20cm
꽃 4~5월
열매 6월
특징 열매가 딸기 같다.

뱀딸기 배암딸기, 산뱀딸기 *Duchesnea indica*

둘레에 뱀이 많이 돌아다닌다고 '뱀딸기'다. 볕이 잘 들고 축축하고 기름진 땅을 좋아한다. 줄기는 뱀처럼 땅 위를 기면서 뻗어 나간다. 줄기에 가늘고 긴 털이 빽빽하게 난다. 마디에서 잎자루가 올라와 잎이 석 장씩 달린다. 4~5월에 노란 꽃이 핀다. 열매는 빨갛고 동그랗다. 딸기처럼 맛있어 보이지만 먹어보면 밍밍하다. 너무 많이 먹으면 배앓이를 할 수도 있다. 가을 들머리에 뿌리째 캐서 달여 먹으면 감기에 좋다. 옷감에 보라색 물을 들이기도 한다.

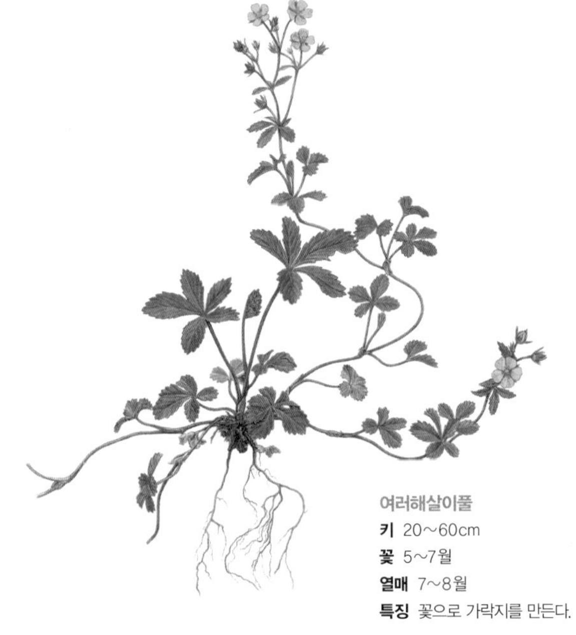

여러해살이풀
키 20~60cm
꽃 5~7월
열매 7~8월
특징 꽃으로 가락지를 만든다.

가락지나물 소스랑개비 *Potentilla anemonefolia*

사람들이 꽃으로 가락지를 만들며 놀았다고 '가락지나물'이다. 논둑이나 밭둑, 물가, 길가, 산기슭에서 자라는 여러해살이풀이다. 줄기 아래쪽은 비스듬히 눕고 위쪽은 곧게 선다. 겹잎 3~5장이 손가락처럼 돌려난다. 봄에서 여름 사이에 노란 꽃이 줄기 끝에 모여서 핀다. 이른 봄에 연한 줄기와 잎을 데쳐서 나물로 먹는다. 잎과 줄기를 짓찧어 상처가 난 곳이나 벌레 물린 자리에 붙이면 잘 가라앉는다. 종기나 습진이 생겼을 때는 뿌리째 짓찧어 붙이거나 달인 물로 씻으면 좋다.

여러해살이풀
키 30~50cm
꽃 4~6월
열매 5~7월
특징 볕이 잘 드는 곳에서 자란다.

양지꽃 소시랑개비 *Potentilla fragarioides* var. *major*

양지바른 곳에 산다고 '양지꽃'이라는 이름이 붙었다. 산기슭이나 밭둑에 흔한데 메마른 땅에서도 잘 자라는 여러해살이풀이다. 뿌리로 겨울을 나고 이듬해 봄에 줄기와 잎자루가 올라온다. 쪽잎이 3~9장 마주나는 겹잎이다. 4~6월에 줄기 끝에 작고 노란 꽃이 핀다. 꽃이 지면 달걀처럼 생긴 주름진 열매가 달린다. 어린순은 나물로 먹고, 뿌리째 캐서 피가 나거나 멍이 들었을 때 달여 먹으면 좋다.

여러해살이풀
키 50~150cm
꽃 7~9월
열매 10~11월
특징 잎에서 오이 냄새가 난다.

오이풀 수박풀 *Sanguisorba officinalis*

잎에서 오이 냄새가 난다고 '오이풀'이다. 수박 냄새 같다고 '수박풀'이라고도 한다. 볕이 잘 드는 산기슭이나 풀밭에서 자라는 여러해살이풀이다. 거름기가 많고 물기가 많은 땅을 좋아한다. 줄기가 가늘고 키가 크다. 잎은 둥글고 길쭉한데 자잘한 톱니가 있다. 7~9월에 기다란 꽃줄기에 방망이처럼 생긴 빨간 꽃이삭이 달린다. 봄에 어린잎을 나물로 먹거나 즙을 내서 먹는다. 꽃과 잎은 말려서 차로도 마신다. 뿌리는 코피가 나거나 불에 데었을 때 가루 내서 바르면 좋다.

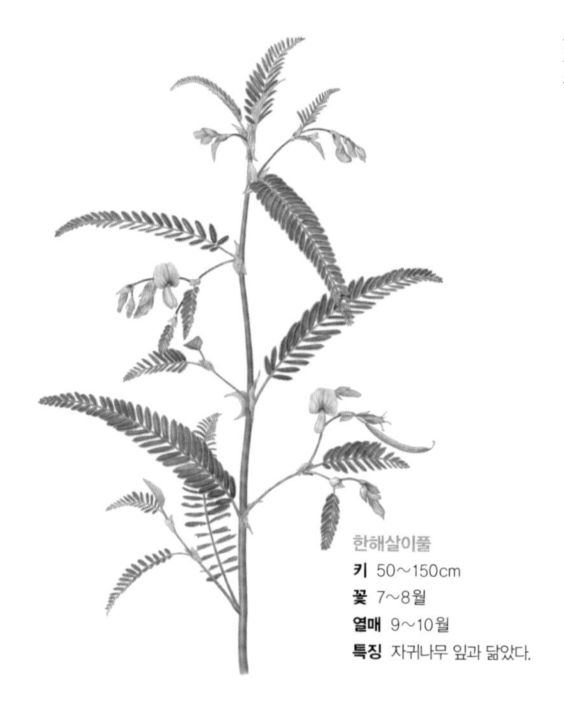

한해살이풀
키 50~150cm
꽃 7~8월
열매 9~10월
특징 자귀나무 잎과 닮았다.

자귀풀 합맹 *Aeschynomene indica*

자귀나무와 잎 모양이 똑 닮아서 '자귀풀'이라는 이름이 붙었다. 자귀나무처럼 밤이 되면 잎을 오므린다. 물가나 논처럼 축축한 땅에서 자라는 한해살이풀이다. 줄기는 곧게 자라고 가지가 여러 개로 갈라진다. 잎은 작은 잎이 20~30장 마주나는 겹잎이다. 여름에 잎겨드랑이에서 열은 노란색 꽃이 핀다. 꽃이 지면 꼬투리가 달린다. 납작한 열매는 물에 잘 떠서 흘러 다니며 퍼진다. 논에 많이 자라는데 벼가 먹을 영양분을 빼앗고 햇볕을 가려서 농사에 피해를 준다.

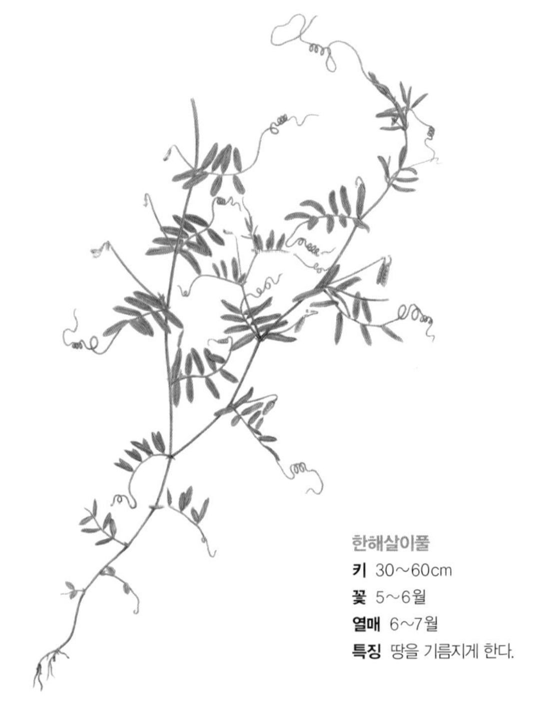

한해살이풀
키 30~60cm
꽃 5~6월
열매 6~7월
특징 땅을 기름지게 한다.

얼치기완두 새갈퀴 *Vicia tetrasperma*

얼치기완두는 볕이 잘 드는 곳에서 자라는 한해살이풀이다. 모래가 많이 섞인 땅을 좋아한다. 남부 지방이나 서해안, 제주도 같은 섬에 많이 자란다. 늦여름부터 가을 들머리에 싹이 나서 겨울을 난다. 이듬해 봄부터 여름까지 자라고 열매를 맺는다. 줄기는 가늘고 덩굴진다. 잎줄기에 쪽잎이 6~12장 달려 있고, 잎줄기 끝은 덩굴손이 된다. 여름 들머리에 자줏빛 꽃이 잎겨드랑이에서 핀다. 꽃이 지면 꼬투리가 달린다. 뿌리에는 뿌리혹박테리아가 있어서 땅을 기름지게 한다.

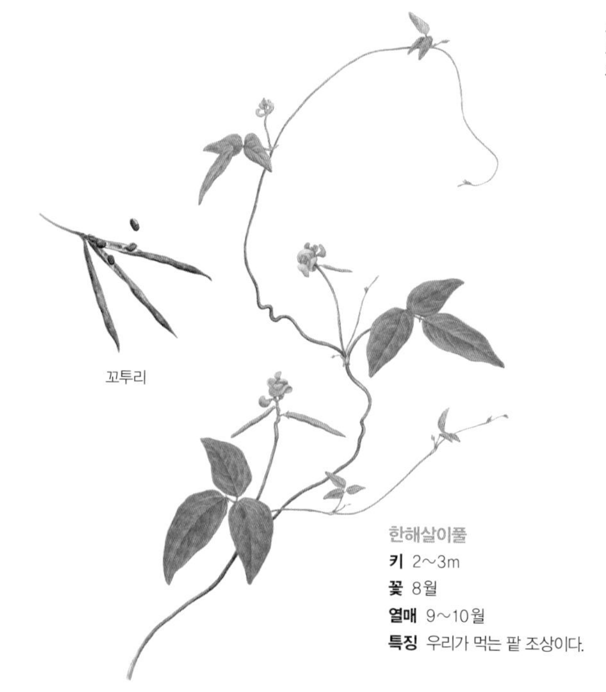

한해살이풀
키 2~3m
꽃 8월
열매 9~10월
특징 우리가 먹는 팥 조상이다.

새팥 돌팥, 산녹두 *Vigna angularis* var. *nipponensis*

새팥은 볕이 잘 드는 기름진 땅을 좋아하는 한해살이풀이다. 둑처럼 흙이 잘 쓸려 내려가는 곳에 심으면 뿌리가 얽히면서 흙을 단단히 잡아준다. 줄기가 덩굴져서 다른 나무나 풀을 감고 오른다. 8월에 연노란 꽃이 잎겨드랑이에서 두세 송이씩 핀다. 열매는 팥처럼 꼬투리로 달린다. 새팥은 곡식으로 기르는 팥 조상이다. 팥 품종을 개량할 때 쓸모가 많다. 집짐승을 먹이고 밭을 기름지게 하려고 일부러 심는다. 다 자란 뒤 밭을 갈아엎으면 그대로 썩어 거름이 된다.

한해살이풀
키 2m
꽃 7~8월
열매 9월
특징 우리가 먹는 콩 조상이다.

돌콩 야생콩 *Glycine soja*

돌콩은 볕이 잘 들고 기름진 땅에서 자라는 한해살이풀이다. 집 둘레나 길가, 산기슭, 밭둑에 많다. 가까이 있는 풀이나 나무를 휘감고 올라가면서 자란다. 잎과 줄기에 거친 밤색 털이 난다. 7~8월에 나비처럼 생긴 자줏빛 꽃이 핀다. 열매는 꼬투리로 달리는데 밤색 콩알이 서너 알 들어 있다. 돌콩은 우리가 먹으려고 기르는 콩 조상이다. 그래서 콩을 여러 품종으로 개량할 때 쓸모가 많다. 씨앗은 눈을 밝게 하고 위장을 튼튼하게 하는 약으로 쓴다.

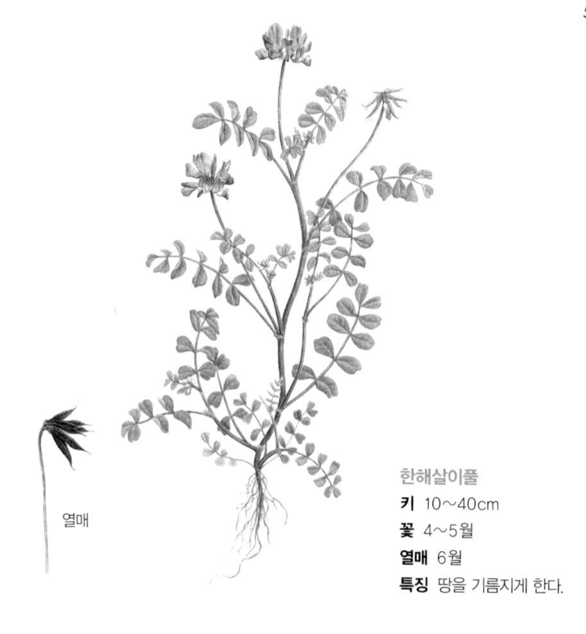

한해살이풀
키 10~40cm
꽃 4~5월
열매 6월
특징 땅을 기름지게 한다.

자운영 연화초 *Astragalus sinicus*

봄에 분홍빛 꽃이 들판 한가득 피면 자줏빛 구름처럼 예쁘다고 한자말로 '자운영'이라는 이름이 붙었다. 논둑, 밭, 냇가, 강둑에서 자라는 한해살이풀이다. 줄기가 비스듬히 눕다가 곧추선다. 잎자루 하나에 작은 잎이 9~11개쯤 홀수로 붙는 겹잎이다. 봄에 잎겨드랑이에서 꽃대가 올라오고 끝에 꽃이 여러 송이 모여 핀다. 꽃이 지면 꼬투리가 열리는데 씨가 2~5개 들어 있다. 남쪽 지방에서는 거름으로 쓰려고 가을걷이를 마친 논에 일부러 심어 기른다. 집짐승을 먹이고, 어린순은 나물로 먹는다.

여러해살이풀
키 5~15cm
꽃 6~7월
열매 9월
특징 짐승들이 잘 먹는다.

토끼풀 클로버 *Trifolium repens*

토끼가 잘 먹는다고 '토끼풀'이다. 소나 염소도 잘 먹는다. 볕이 잘 드는 길가나 풀밭, 밭둑, 집 둘레에서 자라는 여러해살이풀이다. 줄기는 땅 위를 기면서 자라는데 마디에서 가지를 치고 새 뿌리가 나온다. 줄기 마디마다 잎자루가 올라오는데 끝에 동그란 잎이 석 장씩 달린다. 드물게 넉 장 달리는 것도 있다. 이런 잎은 '네 잎 클로버'라고 하는데 찾으면 행운이 온다고 사람들이 좋아한다. 여름 들머리에 하얀 꽃이 피는데 작은 꽃이 모여 둥근 꽃송이를 이룬다.

여러해살이풀
키 10~30cm
꽃 5~9월
열매 7~10월
특징 밤에 잎을 접는다.

괭이밥 새큼풀, 시금초, 괭이싱아 *Oxalis corniculata*

고양이가 잘 뜯어 먹는다고 '괭이밥'이다. 잎이나 줄기를 씹으면 시큼한 맛이 나서 '새큼풀'이라고도 한다. 집 둘레나 길가, 과수원, 밭에서 흔히 자라는 여러해살이풀이다. 줄기가 땅 위를 기면서 뻗고 마디마다 뿌리를 내린다. 잎은 토끼풀처럼 석 장씩 맞붙어 있다. 낮에는 잎을 쫙 펴지만, 밤이나 날이 흐리면 잎을 접는다. 봄부터 가을까지 샛노란 꽃이 핀다. 꽃이 지면 길쭉한 열매가 열리는데 다 익으면 톡 터져서 씨앗이 여기저기 퍼진다.

한해살이풀
키 20~50cm
꽃 8~10월
열매 9~10월
특징 잎이 들깻잎 같다.

깨풀 들깨풀 *Acalypha australis*

잎이 들깻잎과 닮았다고 '깨풀'이다. 밭둑이나 길가, 과수원, 빈터에서 자라는 한해살이풀이다. 추운 곳에서는 잘 못 산다. 줄기는 곧게 자라고 가지를 많이 친다. 온몸에 짧은 털이 나 있다. 여름에 잎겨드랑이에서 꽃자루가 나와 꽃이삭이 달린다. 암꽃과 수꽃이 함께 모여 핀다. 10월에 열매가 익는데 씨앗은 달걀꼴이고 까만 밤색으로 익는다. 깨풀은 뿌리째 뽑아 물에 달여서 열을 내리거나 독을 푸는 약으로 쓴다. 어린 순은 나물로 먹고, 베어다 집짐승을 먹인다.

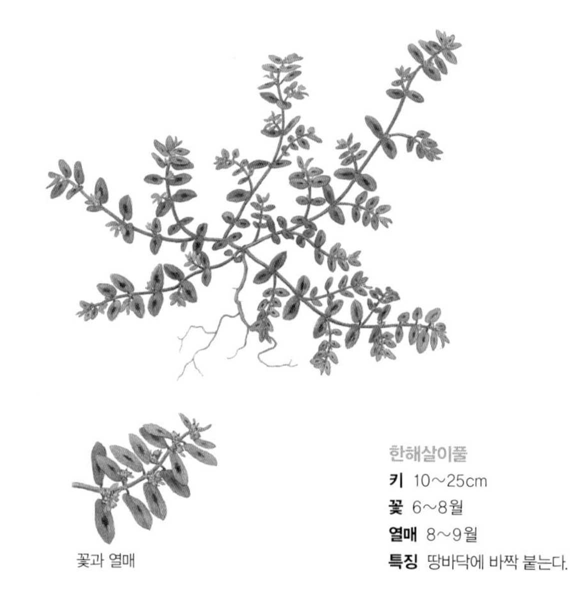

꽃과 열매

한해살이풀
키 10~25cm
꽃 6~8월
열매 8~9월
특징 땅바닥에 바짝 붙는다.

애기땅빈대 애기점박이풀 *Euphorbia supina*

애기땅빈대는 볕이 잘 드는 기름진 땅에서 자라는 한해살이풀이다. '땅빈대'와 닮았는데 크기가 작아서 '애기'라는 말이 붙었다. '땅빈대'는 땅에 딱 붙어 산다고 붙여진 이름이다. 땅빈대는 토박이 풀이고 애기땅빈대는 북아메리카에서 들어온 풀이다. 땅바닥에 바짝 붙어 기면서 자란다. 줄기에서 가지가 두 개씩 갈라진다. 잎도 줄기를 따라 두 줄로 줄지어 마주 보며 달린다. 줄기를 자르면 하얀 즙이 나오는데, 부스럼이나 종기가 났을 때 짓찧어 붙이면 잘 낫는다.

여러해살이풀
키 5~15cm
꽃 3~5월
열매 6월
특징 봄에 보라색 꽃이 핀다.

제비꽃 오랑캐꽃, 장수꽃 *Viola mandshurica*

제비가 올 때 꽃이 핀다고 '제비꽃'이다. 햇볕이 잘 드는 곳이면 어디서나 잘 자라는 여러해살이풀이다. 줄기가 없고 뿌리에서 잎이 바로 난다. 3~4월에 잎겨드랑이에서 꽃대가 올라오고 보라색 꽃이 핀다. 꽃이 지면 길쭉하고 둥근 열매가 달린다. 열매가 다 익으면 세 갈래로 갈라지면서 속에 있던 씨앗이 튕겨 나간다. 씨앗에는 개미가 좋아하는 단백질 알갱이가 붙어 있다. 개미가 알갱이만 떼어 먹고 씨앗을 버리면 그 자리에서 싹이 튼다.

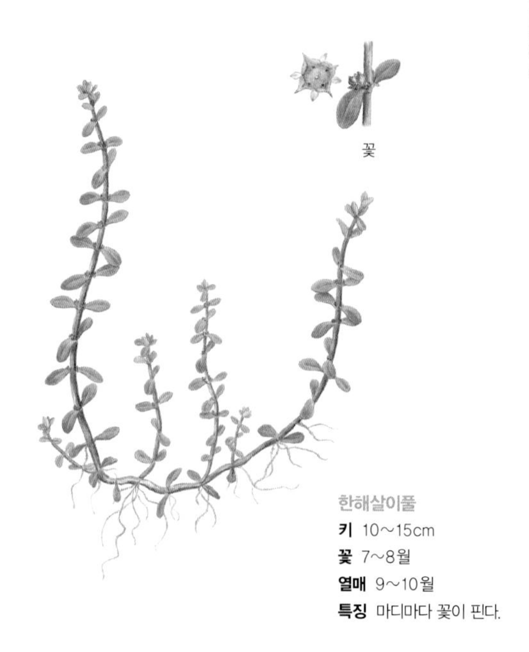

한해살이풀
키 10~15cm
꽃 7~8월
열매 9~10월
특징 마디마다 꽃이 핀다.

마디꽃 새마디꽃 *Rotala indica* var. *uliginosa*

마디마다 꽃이 달린다고 '마디꽃'이다. 논이나 도랑에 흔한 한해살이풀이다. 축축하고 거름기가 많은 땅을 좋아한다. 벼가 자라는데 큰 피해를 주지는 않지만 벼가 아직 어릴 때는 영양분을 빼앗는다. 봄에 나서 여름부터 가을까지 꽃이 핀다. 줄기는 빨갛고 비스듬히 자라다가 바로 선다. 잎은 주걱처럼 생겼는데 작고 동글동글하다. 꽃은 잎겨드랑이에 하나씩 달려 핀다. 씨앗은 아주 작고 물에 떠서 멀리 퍼진다.

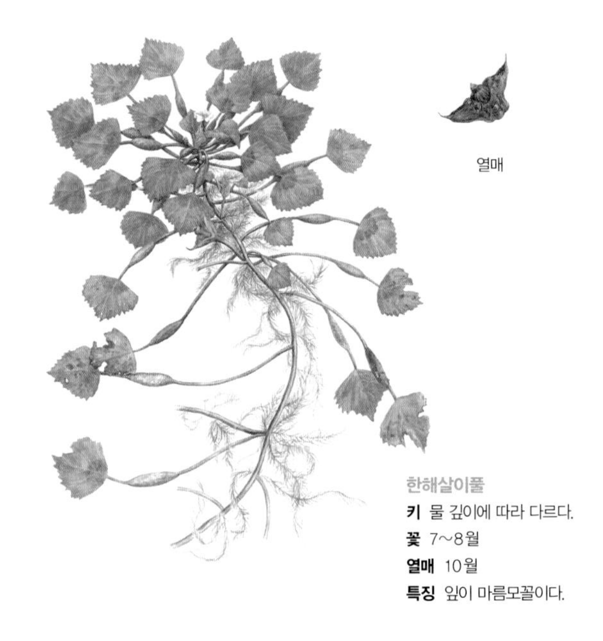

한해살이풀
키 물 깊이에 따라 다르다.
꽃 7~8월
열매 10월
특징 잎이 마름모꼴이다.

마름 릉, 릉각 *Trapa japonica*

잎이 마름모꼴로 생겼다고 '마름'이다. 냇물이나 도랑, 연못, 웅덩이, 늪에서 자라는 한해살이풀이다. 물살이 센 곳보다는 저수지처럼 고인 물에서 잘 자란다. 진흙 속에 뿌리를 내리고 잎은 줄기 끝에 나서 물 위에 뜬다. 물 깊이에 따라 줄기가 길거나 짧다. 잎자루에 공기주머니가 부풀어 올라 잎이 물에 잘 뜬다. 한여름에 하얀 꽃이 핀다. 열매는 세모꼴인데 양쪽에 뾰족한 뿔이 두 개 있다. 마름이 많은 물에 들어갈 때는 발이 안 찔리게 조심해야 한다.

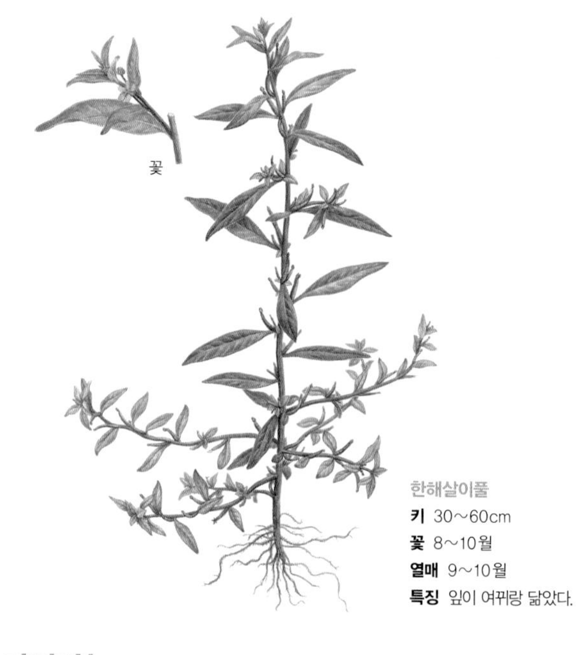

한해살이풀
키 30~60cm
꽃 8~10월
열매 9~10월
특징 잎이 여뀌랑 닮았다.

여뀌바늘 꼬치풀 *Ludwigia prostrata*

잎 모양이 여뀌 잎과 닮았고 열매가 바늘처럼 생겨서 '여뀌바늘'이다. 논에서 많이 나는 한해살이풀이다. 다른 풀보다 거름기를 잘 빨아 먹어서 벼가 자라는데 피해를 준다. 농부들이 보이는 대로 피와 함께 뽑아낸다. 키가 크고 가지가 많아서 자리를 넓게 차지한다. 줄기는 곧게 자라거나 비스듬히 자라고 불그스름하다. 잎은 버들잎 모양이다. 9월에 잎겨드랑이에서 작고 노란 꽃이 한 송이씩 핀다. 꽃이 지면 길쭉한 열매가 달린다. 씨는 가벼워서 물에 잘 뜨고 바람에 날려 퍼진다.

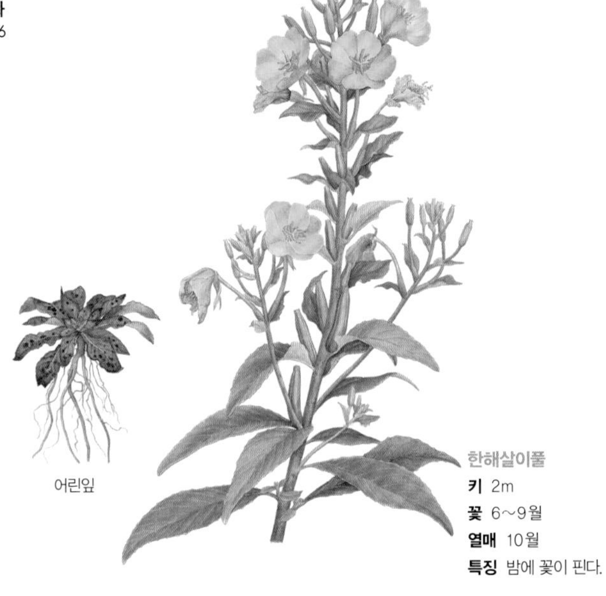

한해살이풀
키 2m
꽃 6~9월
열매 10월
특징 밤에 꽃이 핀다.

달맞이꽃 야래향, 해방초 *Oenothera biennis*

낮에는 꽃잎을 접고 있다가 밤이 되면 달을 맞이하듯 활짝 핀다고 '달맞이꽃'이다. 길가나 냇가나 산 어디서나 잘 자라고 흔히 보는 한해살이풀이다. 여름이나 가을에 싹이 터서 땅에 바짝 붙어 겨울을 나고, 이듬해 봄에 줄기가 올라온다. 6~9월에 잎겨드랑이에서 꽃대가 올라와 샛노란 꽃이 핀다. 바람으로 꽃가루받이를 하고 열매를 맺는다. 열매 속에 씨앗이 많이 들어있는데, 이 씨앗으로 기름을 짜서 약으로 쓰기도 한다.

한해살이풀
키 10cm
꽃 3~4월
열매 7~8월
특징 꽃줄기만 길게 올라온다.

봄맞이 동전초 *Androsace umbellata*

이른 봄에 봄을 맞으러 꽃이 핀다고 '봄맞이'다. 동그란 잎이 꼭 동전처럼 땅에 붙어 있다고 '동전초'라고도 한다. 볕이 잘 들고 기름진 땅을 좋아하는 한해살이풀이다. 줄기가 따로 없고 뿌리에서 잎이 곧장 난다. 꽃은 3~4월에 피는데 꽃줄기가 여러 대 올라와서 4~10개로 가지를 친다. 가지 끝에 작고 하얀 꽃이 하나씩 달린다. 어린순은 나물로 먹고 국도 끓여 먹는다. 풀을 베어 잘 말린 뒤 머리가 아프거나 이가 아플 때 달여 먹으면 좋다.

여러해살이풀
키 3m
꽃 7~8월
열매 9~11월
특징 씨앗에 하얀 털이 있다.

박주가리 나마자 *Metaplexis japonica*

박주가리는 볕이 잘 드는 마른 땅에서 자라는 여러해살이풀이다. 줄기는 덩굴지며 다른 풀이나 나무를 시계가 도는 오른쪽으로 감아 오른다. 칡이나 나팔꽃은 왼쪽으로 감는다. 한여름에 꽃이 피는데 연한 자주색이나 흰색이다. 열매는 뿔처럼 생겼고 깊게 패인 굵은 세로줄이 하나 있다. 열매가 다 익으면 세로줄이 갈라져서 터진다. 씨앗에는 명주실 같은 하얀 털이 달려 있어서 바람을 타고 멀리 퍼진다.

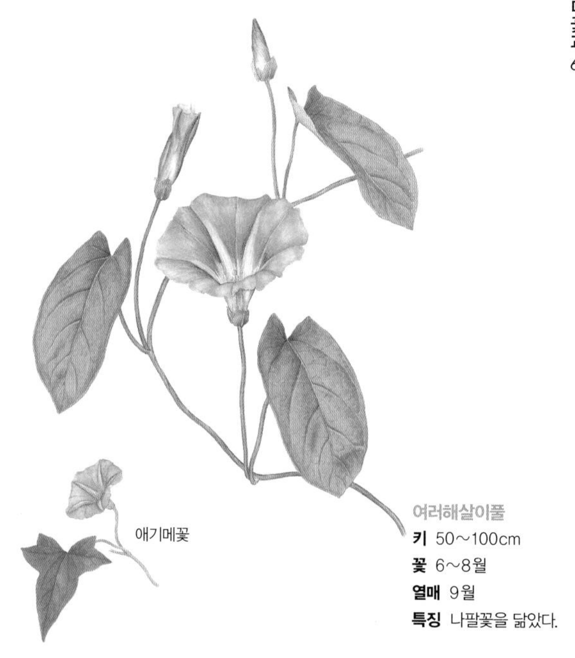

여러해살이풀
키 50~100cm
꽃 6~8월
열매 9월
특징 나팔꽃을 닮았다.

메꽃 *Calystegia sepium* var. *japonicum*

메꽃은 덩굴지며 자라는 여러해살이풀이다. 나팔꽃과 닮았는데 잎이 다르다. 나팔꽃 잎은 둥근데 메꽃 잎은 가늘고 길쭉하다. 이른 봄에 싹이 트고 여름에 꽃이 핀다. 줄기가 다른 나무나 풀을 감고 올라간다. 여름에 피는 꽃은 나팔꽃처럼 생겼다. 낮에 피었다가 저녁에 진다. 땅속줄기로 퍼져서 열매는 잘 안 열린다. 메꽃이 밭이나 과수원에 퍼지면 밭에 심어둔 곡식을 감고 올라가서 농사에 피해를 준다.

한해살이풀
키 10~30cm
꽃 4~7월
열매 8월
특징 꽃대가 말려 있다.

꽃마리 꽃말이, 꽃따지, 꽃냉이 *Trigonotis peduncularis*

꽃대가 말렸다가 도르르 펴지면서 꽃이 핀다고 '꽃마리'라는 이름이 붙었다. 길가, 집 둘레, 과수원, 논둑이나 밭둑에서 흔히 자라는 한해살이풀이다. 가을에 나서 냉이처럼 땅바닥에 바짝 붙은 채 겨울을 난다. 이듬해 봄에 꽃이 피고 열매를 맺는다. 4~7월에 돌돌 말려 있던 꽃줄기가 펴지면서 꽃이 핀다. 꽃봉오리는 연분홍색인데 꽃이 피면 하늘색이다. 어린순은 나물로 먹고 꽃 필 무렵 캐서 말렸다가 약으로 쓴다.

여러해살이풀
키 20~30cm
꽃 5~6월
열매 7~8월
특징 나물로 먹는다.

조개나물 수창포, 창포붓꽃 *Ajuga multiflora*

조개나물은 볕이 잘 들고 메마른 땅에서 자라는 여러해살이풀이다. 꽃이 마치 조개가 혀를 내밀고 있는 것처럼 생겼다고 '조개나물'이다. 줄기는 곧게 자라고 하얀 털이 촘촘히 나 있다. 잎에도 솜털이 있다. 오뉴월에 보랏빛 꽃이 잎겨드랑이에 모여난다. 꽃이 오랫동안 피어서 마당이나 화분에 심어 기르기도 한다. 이른 봄에 나오는 순은 봄나물로 먹고 꽃이 달리면 뿌리째 캐서 감기 걸렸을 때 달여 먹는다.

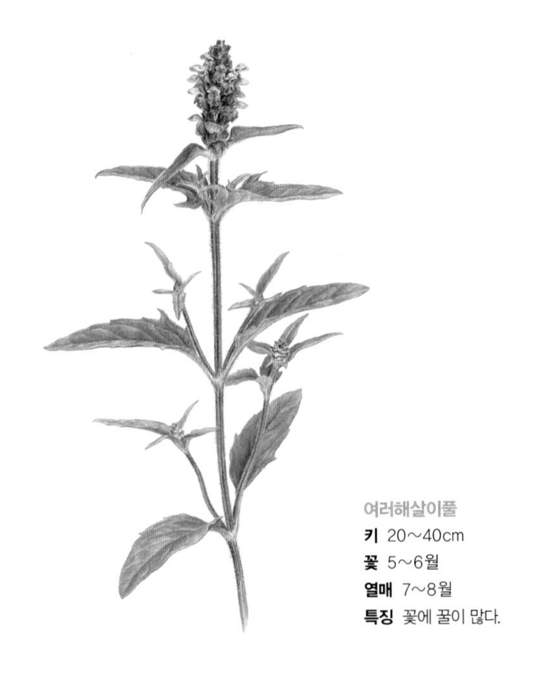

여러해살이풀
키 20~40cm
꽃 5~6월
열매 7~8월
특징 꽃에 꿀이 많다.

꿀풀 꿀방망이 *Prunella vulgaris* var. *lilacina*

꽃에 꿀이 많다고 '꿀풀'이다. 꽃이 방망이처럼 모여 피어서 '꿀방망이'라고도 한다. 꿀풀 둘레에는 꿀을 먹으려고 벌과 나비가 많이 모여든다. 볕이 잘 드는 산이나 들에서 자라는 여러해살이풀이다. 줄기는 곧고 잔털이 오밀조밀 나 있다. 오뉴월에 줄기 끝에 방망이 같은 꽃차례에서 보랏빛 꽃이 돌아가면서 핀다. 꽃을 보려고 꽃밭에 심어 기르기도 한다. 어린순은 나물로 먹는데 쓴맛을 우려낸 뒤 먹는다. 종기나 염증이 생겼을 때 달여 먹으면 좋다.

두해살이풀
키 10~30cm
꽃 4~5월
열매 7~8월
특징 잎이 반달꼴이다.

광대나물 코딱지나물 *Lamium amplexicaule*

광대나물은 밭이나 과수원, 길가, 산기슭에서 자라는 두해살이풀이다. 반달처럼 생긴 잎이 마주나서 줄기를 둥글게 감싼다. 그 생김새가 광대가 입는 옷 같다고 '광대나물'이라는 이름이 붙었다. 4~5월에 잎겨드랑이에서 불그스름한 꽃이 여러 송이 모여 핀다. 꽃에는 꿀주머니가 있어서 벌레들이 꿀을 빨면서 꽃가루받이를 돕는다. 어린순은 나물로 많이 먹는다. 끓는 물에 데쳐서 무쳐 먹고, 뿌리째 캐서 종기를 없애거나 코피를 멎게 하는 약으로 쓴다.

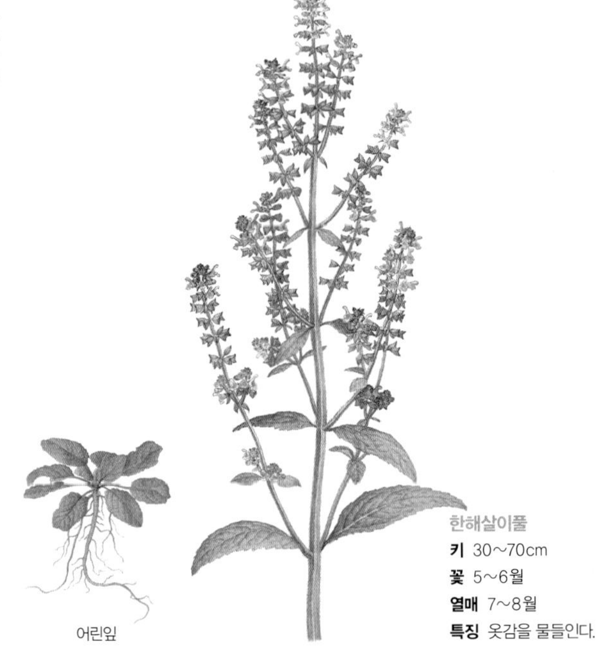

한해살이풀
키 30~70cm
꽃 5~6월
열매 7~8월
특징 옷감을 물들인다.

배암차즈기 뱀차조기 *Salvia plebeia*

꽃 생김새가 뱀이 입을 벌린 것 같다고 이름에 '배암'이 들어갔다. 물기가 있는 논둑이나 도랑에서 자라는 한해살이풀이다. 줄기는 곧고 잔털이 나 있다. 뿌리에서 난 잎은 잎자루가 긴데 줄기에 달리는 잎은 잎자루가 짧다. 오뉴월에 보라색 꽃이 기다란 방망이처럼 모여 핀다. 배암차즈기로 옷감에 물을 들이면 한 번만 물을 들여도 색이 진하다. 어린잎과 꽃은 나물로 먹기도 한다. 뿌리째 캐서 말렸다가 독을 푸는 약으로 달여 먹는다.

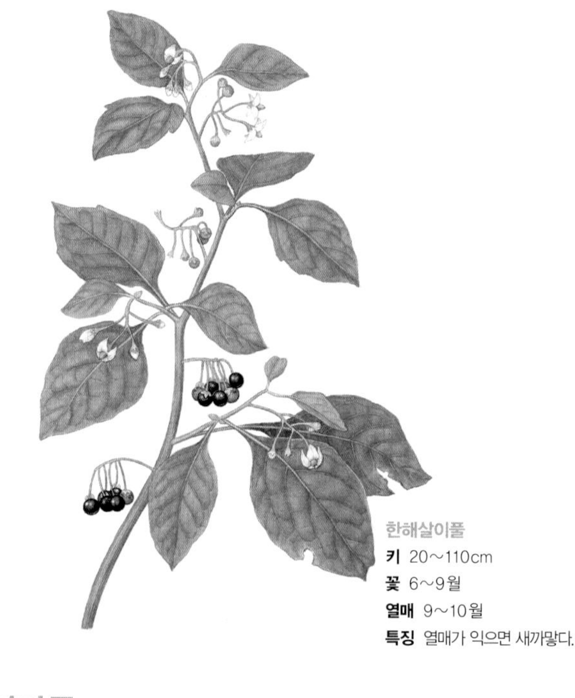

한해살이풀
키 20~110cm
꽃 6~9월
열매 9~10월
특징 열매가 익으면 새까맣다.

까마중 가마중, 까마종이 *Solanum nigrum*

열매가 새까맣다고 '까마중'이다. 밭이나 집 둘레, 길가에서 흔히 자라는 한해살이풀이다. 촉촉하고 거름기가 많은 땅을 좋아한다. 줄기는 위로 뻗고 가지를 많이 친다. 6~9월에 하얀 꽃이 핀다. 꽃자루 하나에 꽃이 3~10개쯤 모여 핀다. 열매는 풀빛이다가 까맣게 익는다. 열매 속에는 씨가 수십 개 들어 있다. 열매에서 달짝지근한 맛이 나서 옛날에는 아이들이 군것질거리로 많이 먹었다. 봄에 나는 어린잎은 삶아서 물에 우려 독을 빼내고 나물로 먹는다.

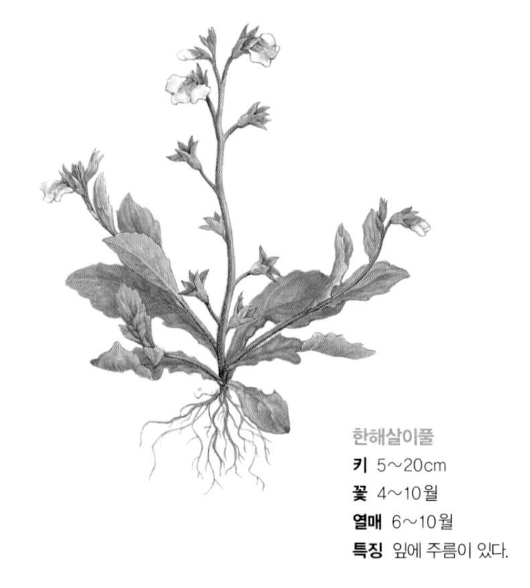

한해살이풀
키 5~20cm
꽃 4~10월
열매 6~10월
특징 잎에 주름이 있다.

주름잎 고추풀, 담배풀 *Mazus pumilus*

잎사귀에 주름이 있어서 '주름잎'이다. 고추밭에 많이 나서 '고추풀'이라고도 한다. 축축하고 기름진 땅에서 자라는 한해살이풀이다. 줄기는 모여나고 곧게 선다. 4~10월에 줄기 끝에서 연보라색 꽃이 줄곧 핀다. 열매는 동그랗고 꽃받침이 붙어 있다. 씨앗은 빗물에 쓸리거나 바람에 날려 퍼진다. 봄부터 가을까지 싹이 나는데 꽃이 피고 지면서 열매를 줄곧 맺는다. 밭에 나면 뽑아도 뽑아도 또 나는 끈질긴 풀이다.

한해살이풀
키 5~20cm
꽃 7~8월
열매 9~10월
특징 밭둑, 논둑에 흔하다.

밭둑외풀 개고추풀 *Lindernia procumbens*

밭둑에 많이 자라고 외풀을 닮았다고 '밭둑외풀'이다. 하지만 물기가 많은 땅을 좋아해서 밭둑보다는 논둑이나 도랑 둘레에 더 흔한 한해살이풀이다. 줄기는 네모지고 잎자루는 없다. 잎은 둥글고 길쭉한데 나란히맥이 서너 줄 나 있다. 여름에 잎겨드랑이에서 분홍색 꽃이 핀다. 벌레가 꽃가루받이를 돕는데 키가 작은 탓에 키 큰 풀숲에 나면 도움을 받기 힘들어서 스스로 꽃가루받이를 한다. 열매는 길쭉하고, 작은 씨앗이 삼천 개쯤 들어 있다. 바람이나 물에 떠서 퍼진다.

선개불알풀

한해살이풀
키 15~30cm
꽃 3~6월
열매 8~9월
특징 이른 봄에 꽃이 핀다.

큰개불알풀 봄까치꽃 *Veronica persica*

큰개불알풀은 봄에 일찍 꽃이 핀다고 '봄까치꽃'이라고도 한다. 이른 봄에 밭둑을 하늘색으로 뒤덮는다. 물기가 많고 기름진 땅을 좋아하는 한해살이풀이다. 줄기는 밑에서 가지를 많이 친다. 옆으로 뻗다가 줄기 끝은 곧게 선다. 줄기와 잎에 부드러운 털이 많이 난다. 잎은 손톱만 하고 가장자리에 톱니가 서너 쌍 있다. 3~6월에 하늘색 꽃이 잎겨드랑이에서 핀다. 통꽃인데 꽃잎이 넉 장으로 갈라진 것처럼 보인다.

한해살이풀
키 10~40cm
꽃 7~9월
열매 9~10월
특징 꽃이삭이 쥐 꼬리 같다.

쥐꼬리망초 *Justicia procumbens*

꽃이삭이 쥐 꼬리처럼 생겼다고 '쥐꼬리망초'다. 밭이나 과수원, 논둑, 길가, 숲 가장자리에 널리 퍼져 사는 한해살이풀이다. 줄기는 곧게 뻗는데 모가 지고 잔털이 성기게 난다. 7~9월에 가지 끝에 꽃이 모여 핀다. 연보랏빛 꽃은 입술처럼 생겼다. 열매는 버들잎처럼 생겼고 익으면 두 쪽으로 갈라진다. 뿌리를 뺀 포기를 베어다 잘 말려서 열을 내리고, 독을 풀며, 피가 잘 돌게 하는 약으로 쓴다. 감기로 열이 나거나 기침을 하거나 목이 아플 때도 달여 먹는다.

여러해살이풀
키 10~25cm
꽃 6~8월
열매 10월
특징 나물로 먹는다.

질경이 길경이, 빼뿌쟁이 *Plantago asiatica*

끈질기게 자란다고 이름이 '질경이'다. 들길이나 산길, 집 둘레, 논둑이나 밭둑에 흔한 여러해살이풀이다. 다른 풀이 자라기 힘든 메마르고 단단한 땅에서도 잘 자란다. 잎이 뿌리에서 바로 나와 옆으로 퍼진다. 잎맥이 두드러진다. 6~8월에 꽃대가 올라오고 길쭉하고 하얀 꽃이 달린다. 씨앗은 끈적거려서 사람이나 짐승 몸에 붙어서 멀리 퍼진다. 봄에 어린잎을 뜯어 나물로 먹고 된장국에 넣는다. 잘 말린 씨앗은 '차전자'라고 하는데, 가래를 삭이고 똥이 잘 나오게 하는 약으로 쓴다.

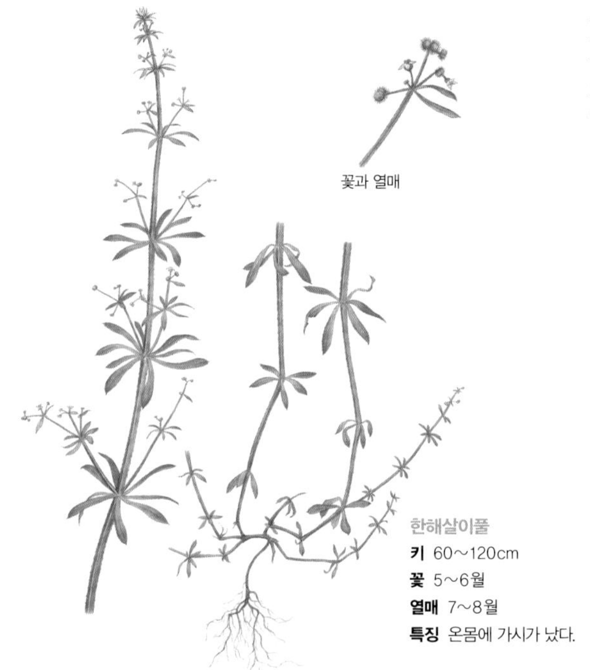

한해살이풀
키 60~120cm
꽃 5~6월
열매 7~8월
특징 온몸에 가시가 났다.

갈퀴덩굴 가시랑쿠 *Galium spurium* var. *echinospermon*

줄기가 덩굴로 자라고 갈고리 같은 가시가 있다고 '갈퀴덩굴'이다. 잘못 만지거나 스치면 가시가 박혀서 상처가 난다. 길가나 빈터에서 흔히 자라는 한해살이풀이다. 줄기가 네모졌는데 모서리마다 아래로 굽은 가시가 줄지어 난다. 잎에도 가시가 있다. 오뉴월에 잎겨드랑이에서 연두색 꽃이 모여 핀다. 씨앗에도 갈고리 같은 털이 있어서 사람 몸이나 짐승 털에 붙어서 퍼진다. 가벼워서 바람을 타고 날아가기도 한다. 봄에는 어린순을 나물로 먹고 씨앗은 약으로 쓴다.

여러해살이풀
키 2m
꽃 8~9월
열매 10~11월
특징 뿌리를 먹는다.

더덕 참더덕, 사삼 *Codonopsis lanceolata*

더덕은 깊은 산속 나무 그늘 아래서 자라는 여러해살이 덩굴풀이다. 서늘하고 바람이 잘 통하는 곳을 좋아한다. 겨울이 되면 잎과 줄기는 다 떨어지고 뿌리만 남는다. 이듬해 봄에 뿌리에서 다시 싹이 돋는다. 해가 갈수록 뿌리가 굵어진다. 줄기는 둘레 나무를 감고 자란다. 꽃은 종처럼 생겼다. 뿌리를 사람들이 즐겨 먹어서 밭에 심어 기르기도 한다. 산에서 나는 것이 냄새가 더 진하다. 무쳐 먹거나 구워 먹고, 말려서 가래를 삭이고 기침을 멎게 하는 약으로도 쓴다.

여러해살이풀
키 40~130cm
꽃 7~9월
열매 10월
특징 잎이 층층이 돌려난다.

잔대 잔다구 *Adenophora triphylla* var. *japonica*

잔대는 산속 볕이 잘 드는 곳에서 자라는 여러해살이풀이다. 도라지나 더덕처럼 뿌리를 먹는 산나물이다. 밭에서 키우기도 한다. 줄기가 곧고 하얀 잔털이 나 있다. 줄기에서 나는 잎은 층층이 돌려나는데 길쭉하고 끝이 뾰족하다. 보랏빛 꽃은 종처럼 생겼는데 고개를 아래로 떨군 채 핀다. 암술대가 꽃보다 더 길게 나온다. 어린잎은 나물로 먹고 뿌리는 구워 먹거나 장아찌를 담가 먹는다. 술을 담가 먹기도 하는데 감기나 기관지염에 좋다.

여러해살이풀
키 50~100cm
꽃 6~8월
열매 9~10월
특징 잎에 가시가 있다.

엉겅퀴 가시나물 *Cirsium japonicum* var. *maackii*

엉겅퀴는 낮은 산이나 들판에서 자라는 여러해살이풀이다. 볕이 잘 드는 곳을 좋아한다. 줄기는 곧게 자라고 온몸에 흰 털이 나 있다. 잎은 깊게 갈라지고 가장자리에 톱니와 함께 큰 가시가 나 있다. 살갗을 긁히면 따끔하고 아프다. 여름에 동그랗고 짙은 자줏빛 꽃이 핀다. 한 송이처럼 보이지만 꽃송이 하나에 수많은 작은 꽃들이 다닥다닥 뭉쳐 있다. 어린 잎은 데쳐서 쓴맛을 우려내고 나물로 먹는다. 코피가 날 때나 허리와 무릎이 아플 때 잘 말려서 달여 먹으면 좋다.

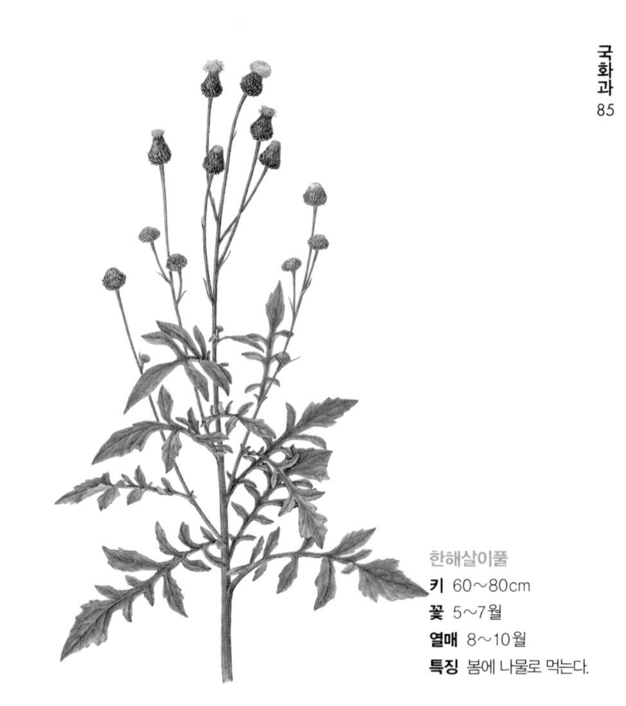

한해살이풀
키 60~80cm
꽃 5~7월
열매 8~10월
특징 봄에 나물로 먹는다.

지칭개 지칭개나물 *Hemistepta lyrata*

지칭개는 논둑이나 밭둑, 길가나 과수원에 흔히 자라는 한해살이풀이다. 햇빛이 잘 드는 축축한 땅을 좋아한다. 가을에 싹이 터서 땅에 붙어 겨울을 나고 이듬해 봄에 줄기가 올라온다. 줄기는 곧게 서는데 속이 비어 있다. 여름 들머리에 자주색 꽃이 핀다. 긴 병처럼 생긴 작은 꽃이 수없이 모여 하나로 뭉쳐 있어서 한 송이처럼 보인다. 봄에 나는 어린잎은 나물로 먹는다. 여름과 가을에 뿌리째 캐서 햇볕에 말린 뒤 열을 내리고 독을 푸는 약으로 달여 먹는다.

여러해살이풀
키 1~1.5m
꽃 7~10월
열매 9~10월
특징 연보랏빛 꽃이 핀다.

가새쑥부쟁이 쑥부쟁이 *Aster incisus*

가새쑥부쟁이는 볕이 잘 드는 산기슭이나 들에서 덤부렁듬쑥 자라는 여러해살이풀이다. 물기가 조금 있는 땅을 좋아한다. '쑥부쟁이'와 닮았는데 가지를 더 많이 치고, 잎 가장자리 톱니가 더 두드러진다. 줄기는 곧게 서고 군데군데 털이 있다. 7~10월에 가지 끝에 연보랏빛 꽃이 핀다. 씨앗은 다른 국화과 식물처럼 솜털이 달려 있어서 바람을 타고 퍼진다. 어린잎은 나물로 먹고, 뿌리째 캐서 말린 뒤 오줌을 잘 나오게 하는 약으로 달여 먹는다.

한해살이풀
키 20~130cm
꽃 5~10월
열매 9~10월
특징 꽃이 달걀부침 같다.

개망초 개망풀, 망국초 *Erigeron annuus*

개망초는 풀밭이나 빈터, 길가에 흔히 자라는 한해살이풀이다. 땅을 안 가리고 잘 자란다. 금방 퍼져서 덤부렁듬쑥 자라는데 개망초꽃이 한꺼번에 피면 들판이 온통 하얗다. 줄기와 잎에 잔털이 많다. 줄기가 잘리면 바로 밑에서 새 줄기가 나온다. 5~10월에 줄기 끝에서 가운데가 노랗고 둘레에 하얀 잎이 달린 작은 꽃이 달린다. 꽃이 달걀처럼 생겨서 '달걀꽃'이라고도 한다. 어린잎은 나물로 먹고 오줌이 잘 안 나올 때 약으로 달여 먹는다.

한해살이풀
키 50~150cm
꽃 7~9월
열매 8~10월
특징 나물로 먹는다.

망초 잔꽃풀, 큰망초 *Conyza canadensis*

망초는 밭이나 논둑, 길가에 흔히 자라는 한해살이풀이다. 가을에 싹이 터서 땅에 바짝 붙어 겨울을 나고 이듬해 봄에 높이 자란다. 줄기는 곧게 자라고 가지를 많이 친다. 7~9월에 꽃이 피는데 종처럼 생긴 꽃들이 원뿔꼴로 달린다. 씨앗에 하얀 갓털이 달려 있어서 바람을 타고 멀리 날아간다. 밭에 나면 심어 놓은 채소보다 빨리 자라서 농부들에게 골칫거리다. 뿌리가 깊어서 잘 안 뽑힌다. 어린잎은 나물로 먹는다.

여러해살이풀
키 60~120cm
꽃 6~9월
열매 9~10월
특징 잎이 우산처럼 생겼다.

우산나물 삿갓나물 *Syneilesis palmata*

봄에 올라오는 잎이 우산처럼 펴진다고 '우산나물'이다. 높은 산 깊은 숲 속에서 자라는 여러해살이풀이다. 큰 나무 아래 그늘지고 촉촉한 땅을 좋아한다. 땅속 뿌리줄기를 옆으로 뻗으면서 퍼진다. 가지를 안 치고 줄기에 잎이 바로 달린다. 잎은 손가락처럼 여러 갈래로 갈라진다. 가장자리에는 뾰족한 톱니가 있다. 6월에 긴 꽃대가 올라오고 분홍색 꽃이 핀다. 이른 봄에 어린잎을 나물로 먹는다. 뿌리째 캐서 종기를 없애거나 피를 잘 돌게 하는 약으로 달여 먹는다.

여러해살이풀
키 1~2m
꽃 7~9월
열매 10월
특징 쌈이나 나물로 먹는다.

곰취 왕곰취, 곰달래 *Ligularia fischeri*

곰취는 깊은 산속 나무 아래에서 자라는 여러해살이풀이다. 잎이 곰 발바닥을 닮았다고 '곰취'다. 그늘지고 축축한 땅을 좋아한다. 바람이 잘 통하는 높은 산에 흔한데, 강원도에서 많이 난다. 키가 2m까지 자라고 줄기는 곧게 뻗는다. 줄기에는 거미줄 같은 하얀 털이 난다. 7~9월에 줄기 끝에 노란 꽃이 모여 핀다. 곰취는 참취나 미역취와 함께 우리 겨레가 즐겨 먹는 산나물이다. 어린잎은 상추처럼 날로 쌈을 싸 먹고, 잎이 자라면 데쳐서 나물로 무쳐 먹는다.

한해살이풀
키 70cm
꽃 7~9월
열매 11월
특징 줄기, 잎에서 까만 물이 나온다.

한련초 묵한련, 묵두초 *Eclipta prostrata*

한련초는 논이나 도랑, 냇가, 강둑에서 흔히 자라는 한해살이풀이다. 줄기는 곧게 서거나 땅에 바짝 붙어서 옆으로 자란다. 땅에 닿은 마디에서도 뿌리를 내린다. 논에 나면 벼처럼 줄기가 곧게 큰다. 잎은 버들잎처럼 생겼는데 짧고 억센 털이 나 있어서 거칠거칠하고 가장자리에 톱니가 있다. 여름부터 가을까지 하얀 꽃이 줄곧 핀다. 까만 열매는 날개가 있어서 바람에 날려 퍼진다. 줄기나 잎에서 까만 물이 나온다. 옛날에는 이 즙으로 수염이나 머리카락을 까맣게 물들였다.

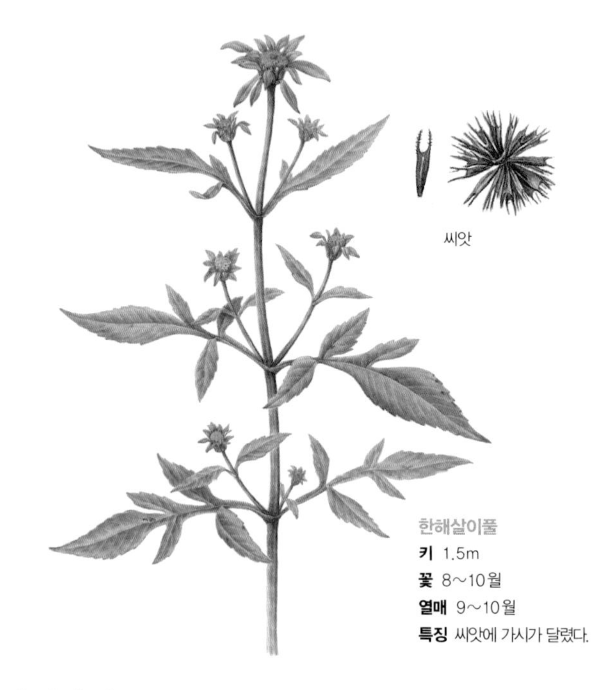

한해살이풀
키 1.5m
꽃 8~10월
열매 9~10월
특징 씨앗에 가시가 달렸다.

가막사리 가막살 *Bidens tripartita*

가막사리는 물가에 사는 한해살이풀이다. 논, 도랑, 개울가, 늪에 흔히 자란다. 기름진 땅을 좋아하는데 논에 많이 나서 벼가 못 자라게 막는다. 줄기는 꼿꼿하고 아주 길다. 8~10월에 줄기와 가지 끝에 꽃이 핀다. 한 송이처럼 보이지만 아주 작은 꽃들이 다글다글 모여 핀다. 가을에 열매가 다 여물면 두 갈래로 갈라진다. 씨앗 가장자리에 가시가 달려 있어서 사람 옷이나 짐승 몸에 붙어서 멀리 퍼진다. 어린순은 뜯어서 나물로 먹는다. 달이거나 즙을 내서 결핵을 낫게 하는 약으로도 쓴다.

한해살이풀
키 25~85cm
꽃 8~10월
열매 10월
특징 씨앗이 바늘 같다.

도깨비바늘 *Bidens bipinnata*

도깨비바늘은 물가에서 자라는 한해살이풀이다. 산기슭이나 길가, 풀밭에서도 자란다. 씨앗이 바늘처럼 생겨서 사람 옷이나 짐승 털에 잘 달라붙는다고 '도깨비바늘'이라는 이름이 붙었다. 한번 달라붙으면 안 떨어지고 옷을 파고들어 따갑게 찌른다. 줄기는 모가 지고 털은 거의 없다. 잎은 깃꼴로 갈라지고 위로 올라갈수록 작아진다. 8~10월에 노란 꽃이 핀다. 어린순은 나물로 먹는다. 여름과 가을에는 줄기와 잎을 뜯어서 말렸다가 달여 먹는다. 열을 내리고, 독을 풀고, 종기를 없앤다.

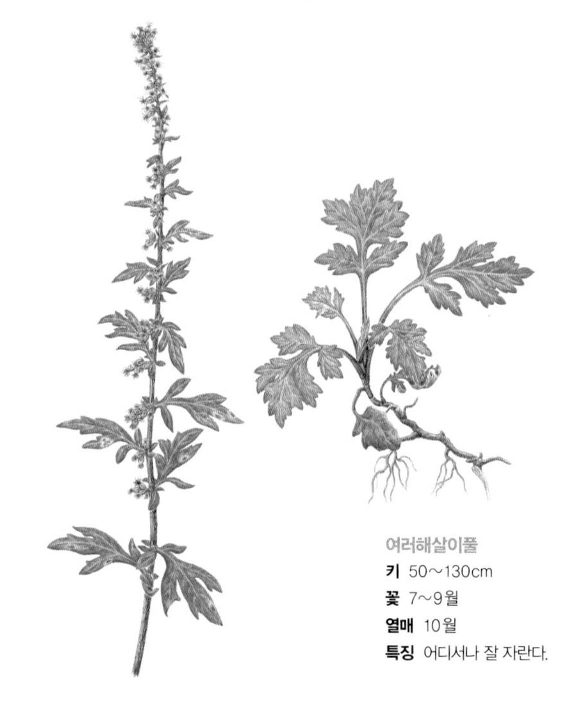

여러해살이풀
키 50~130cm
꽃 7~9월
열매 10월
특징 어디서나 잘 자란다.

쑥 바로쑥, 약쑥 *Artemisia princeps*

쑥은 산이나 들, 집 둘레나 길가 어디서나 자라는 여러해살이풀이다. 땅속 뿌리줄기로 겨울을 나고 포기를 늘린다. 줄기는 곧게 자라는데 큰 것은 1m가 넘기도 한다. 잎 앞쪽은 초록색인데 뒤쪽은 솜털이 나 있어서 하얗게 보인다. 7~9월에 줄기 끝에 흙빛 꽃이 다닥다닥 핀다. 쑥은 봄에 가장 많이 먹는 나물이다. 국을 끓여 먹거나 떡을 해 먹기도 한다. 말려서 차로 마시거나 뜸을 뜨기도 한다. 여름에 다 자란 풀을 포기째 베어 말려서 태우면 모기를 쫓는다.

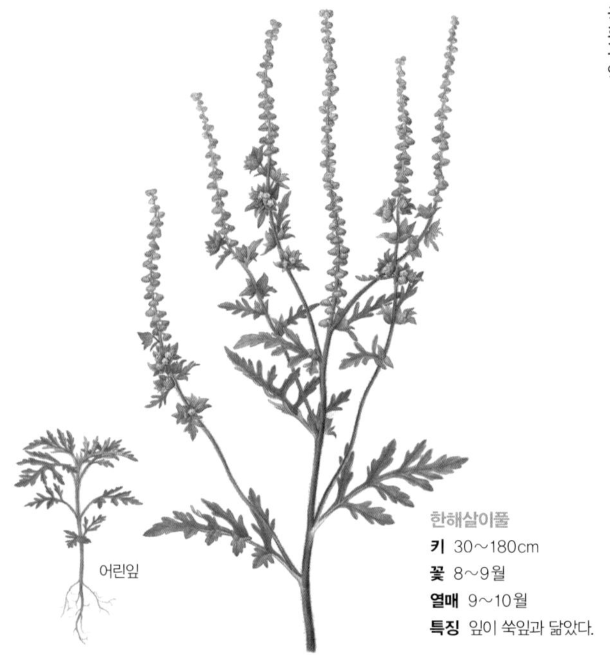

돼지풀 쑥잎풀, 두드러기풀 *Ambrosia artemisiifolia*

돼지풀은 길가나 밭, 산기슭에 덤부렁듬쑥 자라는 한해살이풀이다. 잎이 쑥잎을 닮아서 '쑥잎풀', 두드러기를 나게 한다고 '두드러기풀'이라고도 한다. 가지를 많이 치고 온몸에 짧은 털이 난다. 8~9월에 암꽃은 수꽃 아래 두세 개씩 달리고 수꽃은 원반처럼 생긴 꽃받침에 매달려 아래를 보고 핀다. 돼지풀 꽃가루는 알레르기를 일으켜서 집짐승 먹이로는 안 쓴다. 또 돼지풀에는 귀리나 양파 같은 곡식이 싹 트지 못하게 하는 성질이 있어서 밭에 나면 꼭 뽑아 없앤다.

한해살이풀
키 1m
꽃 8~9월
열매 9~10월
특징 열매에 가시가 있다.

도꼬마리 *Xanthium strumarium*

도꼬마리는 길가나 밭 둘레, 냇가에서 흔히 보는 한해살이풀이다. 소금기를 잘 견뎌서 섬이나 바닷가에서도 잘 자란다. 줄기는 곧게 자라는데 억세고 짧은 털이 빽빽하게 난다. 한여름에 줄기와 가지 끝에 연노랑 꽃이 핀다. 열매에는 갈고리 같은 가시가 많아서 옷에 붙으면 잘 안 떨어진다. 어린잎은 나물로 먹거나 시루떡에 넣기도 한다. 씨앗은 가루내서 축농증 약으로 먹는다. 벌레 물렸을 때 줄기와 잎을 비벼 바르면 독이 빨리 빠진다. 하지만 잎에 독이 있어서 집짐승에게 안 먹인다.

여러해살이풀
키 10~25cm
꽃 3~10월
열매 6월부터 내내
특징 씨앗이 바람에 잘 날린다.

서양민들레 민들레 *Taraxacum officinale*

유럽에서 들어왔다고 이름이 '서양민들레'다. 산과 들, 밭둑에서 흔히 자라는 여러해살이풀이다. 어디서나 잘 자라고 빨리 퍼져서 토박이 민들레보다 흔하다. 민들레와 닮았는데 꽃이 더 샛노랗고 꽃받침이 아래로 뒤집힌다. 땅속 깊이 뿌리를 내리고 잎은 뿌리에서 뭉쳐나 둥글게 퍼진다. 꽃은 이른 봄부터 가을까지 줄곧 피고 진다. 씨앗 하나하나에는 우산처럼 펴지는 갓털이 달려 있어서 바람을 타고 멀리 날아간다.

여러해살이풀
키 20~50cm
꽃 5~6월
열매 6월
특징 김치나 장아찌를 담근다.

선씀바귀 자주씀바귀 *Ixeris strigosa*

선씀바귀는 산기슭이나 풀밭, 길가에 흔히 자라는 여러해살이풀이다. 줄기는 곧게 자라고 여러 갈래로 가지를 친다. 뿌리 잎은 모여나고 톱니가 깊게 패며 땅바닥에 넓게 퍼진다. 줄기에 달린 잎은 뿌리 잎보다 작고 가장자리가 밋밋하다. 오뉴월에 줄기 끝에 하얗거나 연한 자줏빛 꽃이 핀다. 봄에 나온 어린잎을 뿌리째 캐서 나물로 먹는다. 맛이 쌉싸름해서 '씀바귀'다. 먹을 때 쓴맛을 우려내고 먹는다. 다른 씀바귀는 노란 꽃이 피는데, 선씀바귀만 하얀 꽃이 핀다.

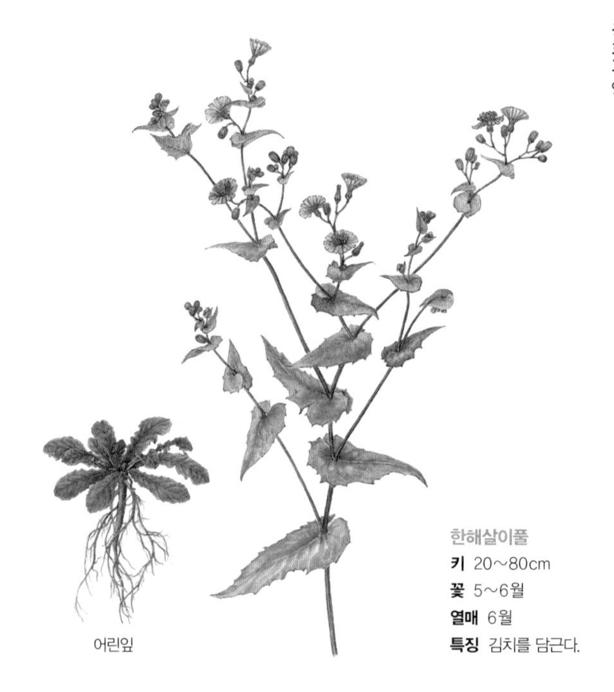

한해살이풀
키 20~80cm
꽃 5~6월
열매 6월
특징 김치를 담근다.

고들빼기 씬나물, 쓴나물 *Crepidiastrum sonchifolium*

고들빼기는 들이나 밭, 빈터에 흔히 자라는 한해살이풀이다. 물이 잘 빠지는 땅을 좋아한다. 가을에 싹이 터서 땅바닥에 잎을 납작하게 펼친 채 붙어 겨울을 난다. 이듬해 봄에 줄기가 올라오고 여름부터 가을까지 노란색 꽃이 핀다. 열매는 까맣게 익는데 끝에 하얀 털이 달린다. 옛날부터 우리 겨레가 즐겨 먹는 나물이다. 이른 봄에 어린싹을 캐서 데친 뒤 간장이나 고추장에 버무려 먹는다. 김치를 담가 먹기도 한다. 맛이 씁쓸하지만 입맛을 돋운다.

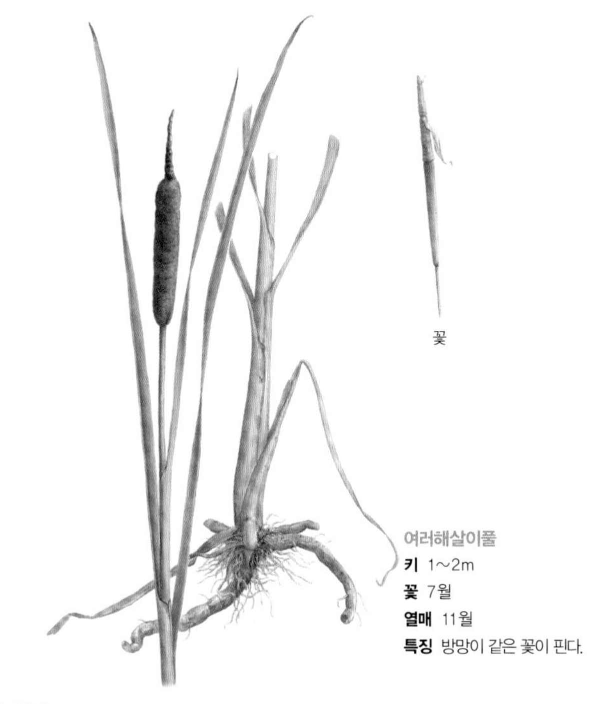

여러해살이풀
키 1~2m
꽃 7월
열매 11월
특징 방망이 같은 꽃이 핀다.

부들 잘포, 향포 *Typha orientalis*

꽃이 피어서 꽃가루받이를 할 때 부들부들 떤다고 이름이 '부들'이다. 묵은 논이나 논도랑, 저수지, 강가, 연못에서 흔히 자라는 여러해살이풀이다. 더러운 물에서도 잘 살고 물을 깨끗하게 거른다. 키가 2m도 넘게 큰다. 잎은 넓고 기다랗다. 여름에 줄기 끝에서 꽃이삭이 나온다. 방망이처럼 생긴 통통한 암꽃이삭 위에 노란 수꽃이삭이 달린다. 이삭이 여물면 솜방망이처럼 부풀어 올라서 터진다. 씨앗은 작고 납작한데 보송보송한 털이 있어서 바람을 타고 멀리 날아간다.

여러해살이풀
키 1m
꽃 7~8월
열매 9월
특징 줄기가 잘려도 안 죽는다.

가래 긴잎가래 *Potamogeton distinctus*

가래는 잎이 흙을 파는 농기구인 '가래'를 닮았다고 붙은 이름이다. 논이나 연못, 저수지 같은 물에서 사는 여러해살이풀이다. 땅속으로 뿌리줄기가 뻗으면서 잘 퍼진다. 줄기가 물속에서 이리저리 구부러지면서 자란다. 잎은 물에 떠 있는 잎과 물속에 잠긴 잎이 있다. 여름에 잎겨드랑이에서 꽃대가 물밖으로 올라와서 노르스름한 풀색 꽃이 핀다. 논에서 김맬 때 뽑아내는데 여러 번 뽑아도 줄곧 다시 자라서 농부들에게 골칫거리다. 배가 아플 때 약으로 쓴다.

여러해살이풀
키 20~80cm
꽃 8~10월
열매 10월
특징 잎이 화살촉처럼 생겼다.

벗풀 가는택사 *Sagittaria sagittifolia* subsp. *leucopetala*

벗풀은 얕은 물에서 자라는 여러해살이풀이다. 물속 땅에 뿌리를 내리고 잎은 물 위로 뻗는다. 뿌리에서 잎이 바로 나온다. 처음 나온 잎은 가늘고 긴 끈처럼 생겼다. 더 자라면 주걱처럼 생긴 잎이 나오고 그 뒤에 화살촉처럼 생긴 큰 잎이 나온다. 한 그루에 암꽃과 수꽃이 따로 핀다. 뿌리에서 긴 꽃대가 올라오는데, 암꽃은 아래쪽에 피고 수꽃은 위쪽에 핀다. 열매는 공기가 들어 있는 날개가 달려서 멀리 날아간다. 뿌리에 덩이줄기가 생겨서 덩이줄기로도 퍼진다.

여러해살이풀
키 30~60cm
꽃 8~9월
열매 9~10월
특징 물속에서 자란다.

검정말 *Hydrilla verticillata*

검정말은 물속에서 사는 여러해살이풀이다. 냇물, 도랑, 연못, 저수지처럼 물이 느리게 흐르는 곳이나 고인 물에서 수북하게 자란다. 뿌리는 물속 땅에 단단히 내리고 줄기와 잎은 물살을 따라 흐느적거리며 흔들린다. 줄기가 끊어져도 물 밑에 가라앉으면 다시 뿌리를 내린다. 암꽃과 수꽃이 딴 그루로 피는데, 한 그루에서 같이 피는 것도 있다. 수꽃이 여물면 꽃대에서 떨어져 나와 물결을 따라 떠다니다가, 암꽃을 만나면 꽃가루받이를 한다. 여름부터 늦가을까지 씨앗을 맺는다.

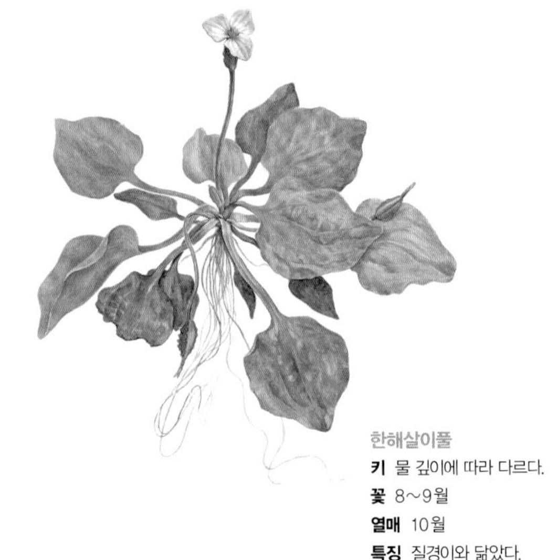

한해살이풀
키 물 깊이에 따라 다르다.
꽃 8~9월
열매 10월
특징 질경이와 닮았다.

물질경이 물배추 *Ottelia alismoides*

질경이와 닮았는데 물에 산다고 '물질경이'다. 얕은 물속에 잠겨 자라는 한해살이풀이다. 논이나 도랑, 연못, 늪에서 살고 물속 땅에 뿌리를 내린다. 봄에 싹이 트고 가을에 꽃이 핀다. 잎은 물속에 잠겨 있고 꽃만 물 밖으로 나와서 핀다. 잎이 얇아서 물 밖에 나오면 금방 말라 시든다. 줄기는 따로 없고 뿌리에서 잎이 모여난다. 잎은 세로로 잎맥이 또렷하다. 8~9월에 연분홍빛 꽃이 핀다. 잎과 줄기는 천식이나 기침을 멎게 하는 약으로 달여 먹는다. 꽃이 예뻐서 심어 기르기도 한다.

여러해살이풀
키 30~80cm
꽃 5~6월
열매 7~8월
특징 꽃이삭을 먹는다.

띠 띄, 삘기 *Imperata cylindrica* var. *koenigii*

띠는 볕이 잘 드는 곳에서 사는 여러해살이풀이다. 오랫동안 가물거나 비가 많이 와도 잘 산다. 봄에 잎보다 먼저 꽃이삭이 나온다. 꽃은 이삭으로 피는데 길이가 10~20cm이고 새하얗다. 꽃이 안 핀 꽃이삭을 '삘기'라고 한다. 삘기를 뽑아 속살을 질겅질겅 씹으면 씹을수록 단맛이 난다. 띠는 잔디처럼 뿌리줄기가 땅속 깊이 얽히고설켜서 자라기 때문에 흙을 단단하게 잡아맨다. 나무를 베어 낸 산이나 땅을 깎아 낸 곳에 흙이 안 쓸려 가게 하려고 심는다.

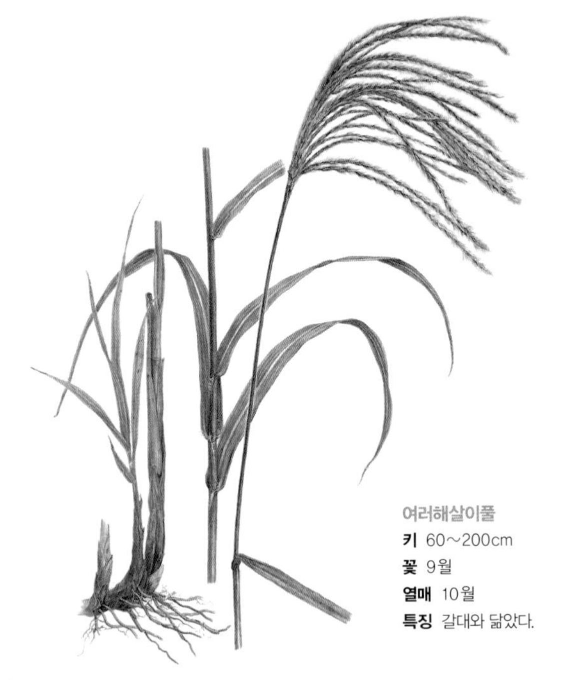

여러해살이풀
키 60~200cm
꽃 9월
열매 10월
특징 갈대와 닮았다.

억새 으악새 *Miscanthus sinensis* var. *purpurascens*

억새는 산과 들에 흔한 여러해살이풀이다. 갈대와 닮아서 헷갈리는 사람이 많다. 갈대는 물가에서 자라지만 억새는 마른 땅에서도 잘 산다. 갈대 이삭은 밤색이고 억새 이삭은 노란빛이 도는 밝은 갈색이다. 이삭이 달리는 생김새도 다르다. 갈대는 원뿔 모양으로 달리고 억새는 빗자루처럼 생겼다. 억새는 마디가 굵고 짧은 뿌리줄기가 있다. 줄기는 모여 나는데 속이 비었다. 잎 가장자리 톱니가 날카로워서 스치면 베일 수 있다. 9월에 줄기 끝에 꽃이삭이 달린다.

한해살이풀
키 20~50cm
꽃 9월
열매 10월
특징 줄기 마디에서 뿌리가 나온다.

조개풀 산초 *Arthraxon hispidus*

조개풀은 논둑이나 개울가에 흔한 한해살이풀이다. 봄에 싹이 터서 여름부터 꽃이 피고 가을에 열매를 맺는다. 줄기는 땅 위를 기면서 자라다가 마디에서 새로운 뿌리를 내린다. 위로 갈수록 곧게 서는데 마디마다 털이 나 있다. 잎 가장자리에는 긴 털이 난다. 9월에 가지 끝에 길쭉한 꽃이삭이 여러 개 모여 달린다. 벼나 보리처럼 작은 이삭들이 다닥다닥 붙어 있다. 뿌리째 캐서 기침을 멎게 하거나 종기를 없애는 약으로 달여 먹는다. 옷감을 노랗게 물들이기도 한다.

여러해살이풀
키 30~80cm
꽃 8~10월
열매 10월
특징 이삭에 털이 많다.

수크령 길갱이, 낭미초 *Pennisetum alopecuroides*

수크령은 볕이 잘 드는 길가나 과수원, 강둑, 풀밭에서 자라는 여러해살이풀이다. 시골길에 많다고 '길갱이'라고도 한다. 뿌리에서 줄기가 여러 대 올라와 포기를 이룬다. 잎은 가늘고 길며 아래로 쳐진다. 8~10월에 줄기 끝에 꽃이삭이 달린다. 꽃이삭은 검은 보랏빛이고 털이 많다. 씨앗은 짐승 털이나 사람 옷에 붙어 널리 퍼진다. 여름에서 가을 사이에 뿌리째 캐서 볕에 말렸다가 눈을 밝게 하는 약으로 달여 먹는다. 뿌리만 따로 기침을 멎게 하는 약으로도 쓴다.

한해살이풀
키 20~70cm
꽃 6~9월
열매 9~10월
특징 이삭이 강아지 꼬리 같다.

강아지풀 개꼬리풀, 구미초 *Setaria viridis*

이삭에 털이 많이 달려 있어서 강아지 꼬리 같다고 '강아지풀'이다. 길에 흔히 자라는 한해살이풀이다. 가뭄이 들어 땅이 메말라도 잘 견딘다. 줄기는 여러 대가 뭉쳐나고 마디가 길다. 잎은 벼처럼 길쭉하다. 꽃은 한여름에 피는데 줄기 끝에 길쭉한 방망이 같은 이삭이 달린다. 익으면 밤빛으로 바뀌고 고개를 숙인다. 옛날부터 아이들은 강아지풀로 장난을 쳤다. 복슬복슬한 이삭으로 동무 얼굴을 간질이거나 이삭을 손으로 쥐락펴락하면서 놀았다. 뿌리는 기생충 약으로 달여 먹는다.

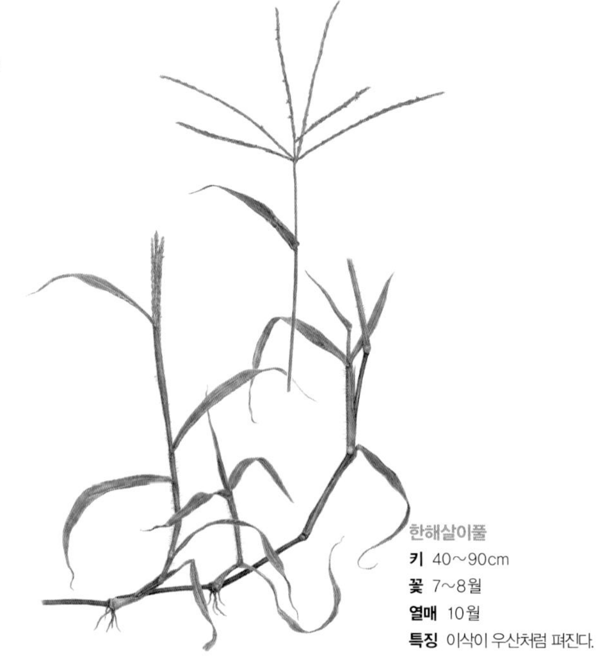

한해살이풀
키 40~90cm
꽃 7~8월
열매 10월
특징 이삭이 우산처럼 펴진다.

바랭이 보래기, 바래기, 조리풀 *Digitaria ciliaris*

바랭이는 논길이나 밭둑, 산길에 자라는 한해살이풀이다. 줄기는 연하고 독이 없어서 소나 토끼도 잘 먹는다. 줄기로 쌀을 이는 조리를 만들기도 해서 '조리풀'이라고도 한다. 봄에 싹이 나서 여름과 가을에 꽃이 피고 열매를 맺는다. 줄기가 땅 위를 기면서 자라고 마디마다 뿌리를 내려서 금방 퍼진다. 여름에 줄기 끝에 이삭이 달리는데 우산살처럼 펴진다. 씨앗은 빗물에 둥둥 뜨거나 짐승 털에 붙어서 퍼진다. 콩밭에 많이 나는데 빨리 자라고 뿌리가 깊어서 뽑기 어렵다.

한해살이풀
키 80~100cm
꽃 7~8월
열매 8~9월
특징 논에 많이 자란다.

물피 돌피 *Echinochloa crusgalli* var. *oryzicola*

물에서 자라는 피라고 이름이 '물피'다. 논이나 도랑처럼 얕은 물에서 자라는 한해살이풀이다. 물피는 돌피가 바뀌어서 생긴 풀인데 돌피와 달리 이삭에 기다란 까끄라기가 달려 있다. 줄기는 곧추서고 가지가 갈라진다. 줄기 아래쪽이 자줏빛을 띠어서 알아보기 쉽다. 논에서 자라는 물피는 농사에 피해를 준다. 논에서 물피나 돌피 같은 피를 뽑아내는 일을 '피사리'라고 하는데 뿌리째 뽑아서 논두렁이나 길가로 던져야 다시 안 자란다.

한해살이풀
키 80~150cm
꽃 7~8월
열매 9~10월
특징 벼와 닮았다.

돌피 *Echinochloa crus-galli*

돌피는 밭이나 논도랑, 길가에서 자라는 한해살이풀이다. 물기가 많은 땅을 좋아해서 얕은 물속에서도 잘 자란다. 하지만 발목이 잠기는 물 깊이부터는 잘 못 자란다. 줄기는 뭉쳐나는데 가늘고 매끈하다. 잎은 털이 없지만 까칠까칠하다. 여름에 달걀처럼 생긴 이삭이 고깔처럼 모여 달린다. 자주색 이삭은 까끄라기가 있기도 하고 없기도 하다. 논에 나면 벼와 닮아서 가려내기 어려워 농부들에게 골칫거리다. 모내기하고 얼마 지나지 않아서 뽑아야 잘 뽑힌다.

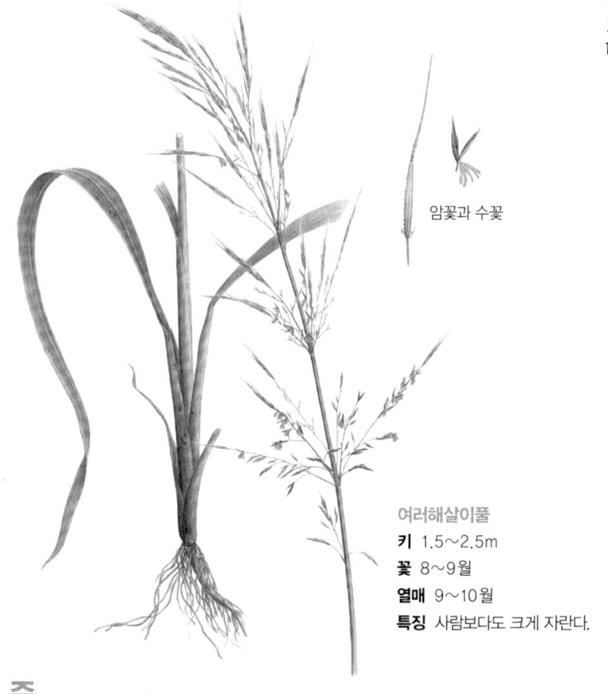

여러해살이풀
키 1.5~2.5m
꽃 8~9월
열매 9~10월
특징 사람보다도 크게 자란다.

줄 줄풀 *Zizania latifolia*

줄은 늪이나 연못, 저수지, 냇가에서 자라는 여러해살이풀이다. 물이 더러운 곳에서 자라면 물을 맑게 한다. 물속 땅에 뿌리를 내리고 잎과 줄기는 물 위로 뻗는다. 줄기는 곧고 매끈하다. 잎은 납작하고 두껍고 길다. 한 그루에 암꽃과 수꽃이 따로 핀다. 수꽃이 밑에 달리고 암꽃은 위에 달린다. 암꽃이삭은 끝에 긴 까끄라기가 있다. 씨앗으로 퍼지지만 뿌리줄기를 옆으로 길게 뻗어 퍼지기도 한다. 겨울이 되면 뿌리줄기에 눈이 달려서 이듬해 봄에 싹이 튼다.

여러해살이풀
키 30~80cm
꽃 8~9월
열매 10월
특징 공예품을 만든다.

그령 암크령, 꾸부령 *Eragrostis ferruginea*

그령은 볕이 잘 드는 길가나 냇가, 풀밭에 자라는 여러해살이풀이다. 한 뿌리에서 여러 줄기가 나와 큰 포기를 이룬다. 줄기와 잎은 가늘고 길다. 8~9월에 꽃이 핀다. 꽃줄기에서 잔가지가 넓게 퍼지고 끝에 꽃이삭이 달린다. 씨앗은 아주 작은데 익으면 껍질 밖으로 빠져나와 바람이나 빗물 도움을 받아 퍼진다. 사람 옷이나 짐승 몸에 붙어서 퍼지기도 한다. 잎사귀가 질겨서 새끼줄 대신 쓰거나 집짐승을 먹이고, 뿌리는 뼈마디가 쑤시고 아플 때 달여 먹는다.

한해살이풀
키 30~90cm
꽃 5월
열매 6월
특징 가을에 싹이 돋는다.

개피 늪피, 물피 *Beckmannia syzigachne*

논에서 자라는 피와 닮았다고 '개피'다. 논두렁, 도랑, 냇가, 연못가에서 흔하게 자라는 한해살이풀이다. 볕이 잘 들고 기름진 땅이나 논에서 잘 자란다. 가을에 나서 어린싹으로 겨울을 보내고 이른 봄에 다시 자란다. 줄기는 뭉쳐나고 곧게 자란다. 오뉴월에 꽃이 피고 열매가 이삭으로 맺힌다. 씨앗은 동그랗고 납작한데 아주 가벼워서 물에 잘 뜬다. 물살에 흘러가거나 바람에 날려 퍼진다. 베어다가 집짐승을 먹이기도 한다.

여러해살이풀
키 5~20cm
꽃 5~6월
열매 7~8월
특징 마당에 많이 심는다.

잔디 떼, 뗏장 *Zoysia japonica*

잔디는 볕이 잘 들고 거름기가 적은 모래땅에서 자라는 여러해살이풀이다. 낮은 산이나 들판, 길가에서도 흔하게 볼 수 있다. 집 마당이나 공원, 운동장, 무덤에 일부러 심어 기른다. 줄기는 기는줄기인데 땅에 붙어서 옆으로 뻗어 나간다. 줄기 마디마다 가는 수염뿌리가 나오고 새싹이 돋는다. 봄에 꽃대가 나오고 꽃대 끝에 꽃이삭이 달린다. 여름에 작고 까만 씨앗이 이삭에 다닥다닥 붙어서 여문다. 잔디를 가꿀 때 자주 깎으면 둘레로 퍼지면서 잘 자란다.

여러해살이풀
키 40~180cm
꽃 6~8월
열매 8~9월
특징 잎집이 줄기를 감싼다.

큰김의털 *Festuca arundinacea*

큰김의털은 길가, 밭, 냇가, 강둑에서 자라는 여러해살이풀이다. 땅을 안 가리고 아무데서나 잘 자란다. 본디 유럽에서 자라던 풀인데 집짐승을 먹이려고 심어 기르면서 우리나라에 퍼졌다. 가을부터 이듬해 봄 사이에 싹이 트고 늦봄에서 여름에 꽃이 핀다. 줄기는 곧게 자라고 뭉쳐난다. 잎집이 줄기를 감싸는데 성긴 털이 줄지어 나 있다. 6~8월에 줄기에서 이삭이 올라와 꽃이 덩어리로 핀다. 작은 이삭에는 까끄라기가 있어서 씨앗이 널리 퍼지게 돕는다.

한해살이풀
키 40cm
꽃 4~6월
열매 5~6월
특징 꽃이삭이 방망이 같다.

뚝새풀 둑새풀 *Alopecurus aequalis*

뚝새풀은 볕이 잘 드는 밭이나 물가에 사는 한해살이풀이다. 메마른 땅에서는 잘 안 난다. 가을에 싹이 터서 겨울을 난 뒤 봄이 되면 빠르게 자란다. 줄기는 뿌리에서 여러 개 뭉쳐난다. 잎은 끈처럼 얇고 길다. 봄부터 여름 들머리에 방망이처럼 생긴 꽃이삭이 나온다. 논에 물을 대고 갈아엎기 전에 이삭을 내밀고 씨앗을 맺는다. 오뉴월에 씨앗이 익으면 바닥에 떨어져서 여름내 잠자코 있다가 벼를 거둘 때 논을 말리면 싹이 트기 시작한다. 벼가 안 자라는 논을 뚝새풀이 온통 뒤덮는다.

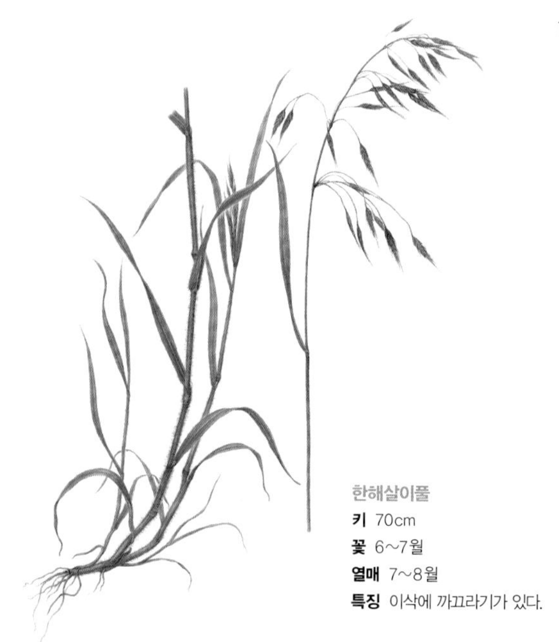

한해살이풀
키 70cm
꽃 6~7월
열매 7~8월
특징 이삭에 까끄라기가 있다.

참새귀리 귀보리 *Bromus japonicus*

귀리와 닮았다고 '참새귀리'라는 이름이 붙었다. 풀숲이나 길가, 시골에 흔하고 도시 집 둘레에도 많다. 볕이 잘 드는 곳을 좋아하는 한해살이풀이다. 가을에 싹이 터서 겨울을 나고 이듬해 여름 들머리에 꽃이 피고 열매를 맺는다. 줄기는 뭉쳐나는데 속이 비어 있다. 잎몸과 잎집에 털이 많다. 이삭과 씨앗에는 까끄라기가 달려 있어서 사람 옷이나 짐승 털에 붙어 멀리 퍼진다. 이삭이 여물기 전에 포기째 베어서 집짐승을 먹인다.

한해살이풀
키 10~40cm
꽃 8~10월
열매 9~10월
특징 논에 많이 자란다.

바람하늘지기 우분초 *Fimbristylis miliacea*

바람하늘지기는 논둑이나 밭둑에서 흔히 보는 한해살이풀이다. 소가 먹고 씨를 퍼뜨려서 소똥이 많은 곳에 흔하다. 그래서 소똥 풀이라고 한자말로 '우분초'라고도 한다. 줄기와 잎이 벼 포기처럼 뭉쳐난다. 잎은 가늘고 긴데 두 줄로 나고 잎보다 긴 꽃대가 올라온다. 꽃대 끝에 동그란 밤색 이삭이 달린다. 씨앗은 아주 가벼워서 바람에 날리거나 빗물에 흘러가며 퍼진다. 논에 자라면 벼보다 빨리 크고 벼 뿌리 사이로 파고들어서 농사를 망친다.

여러해살이풀

키 20~70cm

꽃 7~10월

열매 8~10월

특징 논에 많이 난다.

올챙이고랭이 *Scirpus juncoides* var. *hotarui*

올챙이고랭이는 논이나 도랑, 연못가, 얕은 물가에서 자라는 여러해살이풀이다. 줄기는 가늘고 둥근 기둥처럼 생기고 모여난다. 잎 아래쪽이 줄기를 감싸며 난다. 7~10월에 작은 꽃이삭이 줄기처럼 생긴 덮개 잎에 2~9개씩 붙어 난다. 덮개 잎은 끝이 뾰족하다. 이삭은 밤빛으로 익는다. 씨앗으로도 퍼지고 줄기 밑동이 덩어리처럼 커져서 다시 줄기가 나기도 한다. 논에 자라면 벼보다 빨리 자라서 농사를 망친다. 농부들이 김매기를 할 때 보이는 대로 뽑아낸다.

한해살이풀
키 20~60cm
꽃 8월
열매 9월
특징 꽃이삭이 우산 같다.

금방동사니 금방동산, 개왕골 *Cyperus microiria*

금방동사니는 볕이 잘 들고 기름진 땅에서 흔히 자라는 한해살이풀이다. 콩밭에 많이 나서 바랭이, 돌피, 쇠비름과 더불어 골칫거리 잡초다. 농부들이 김맬 때 보이는 대로 뽑아낸다. 뿌리에서 줄기 몇 개가 비스듬히 모여난다. 줄기는 납작한 세모꼴이다. 줄기 아래쪽에 잎이 1~3장 달리고 잎집이 줄기를 감싼다. 줄기 끝에서 꽃대가 우산살처럼 여러 갈래로 나와서 퍼진다. 그 끝에 꽃이삭이 달린다. 이삭은 누른빛이 도는 밤색이다.

좀개구리밥

여러해살이풀
키 5~9mm
꽃 7~8월
열매 10월
특징 물에 떠서 산다.

개구리밥 부평초 *Spirodela polyrhiza*

개구리가 사는 곳에 많다고 '개구리밥'이다. 논, 도랑, 연못, 물웅덩이 같이 고인 물에 둥둥 떠서 산다. 줄기와 잎이 따로 안 나뉜다. 동그란 잎마다 가느다란 뿌리가 나 있어서 개구리밥이 안 뒤집히게 하고, 바람이나 물결에 안 떠내려가게 한다. 여름에 하얀 꽃이 피는데 아주 드물게 피어서 보기 어렵다. 날씨가 따뜻하면 잎을 줄곧 늘려 연못 가득히 퍼진다. 겨울에는 겨울눈을 만들고 물 밑으로 가라앉는다. 이듬해 봄에 물 위로 떠올라서 다시 자란다.

한해살이풀
키 20~50cm
꽃 7~8월
열매 9~10월
특징 꽃이 닭 볏 같다.

닭의장풀 달개비 *Commelina communis*

꽃이 닭 볏을 닮았다고 '닭의장풀'이다. 흔히 '달개비'라고 한다. 밭둑이나 길가, 풀밭, 담장 밑에서 여러 포기가 자라는 한해살이풀이다. 눅눅하고 그늘진 곳을 좋아한다. 줄기는 옆으로 기다가 끝으로 갈수록 곧게 선다. 줄기 마디에서 뿌리가 나온다. 여름에 잎겨드랑이에서 새파란 꽃이 핀다. 봄에 어린 줄기는 나물로 먹는다. 잎은 열이 오르거나 오줌이 잘 안 나올 때 말려서 달여 먹는다. 여름에 꽃을 따서 햇볕에 말렸다가 차로 마시기도 한다.

한해살이풀
키 20~40cm
꽃 6~8월
열매 8~10월
특징 연못에 심어 기른다.

물옥잠 우구화 *Monochoria korsakowii*

물옥잠은 늪이나 도랑, 연못에서 자라는 한해살이풀이다. 잎과 꽃이 옥잠화를 닮았는데 물에서 자란다고 '물옥잠'이다. 물에 떠서 사는 부레옥잠과 달리 물속 땅에 뿌리를 내린다. 얕은 물에 사는데 물이 깊어지면 잎자루를 길게 뻗어 물 밖으로 잎을 내놓는다. 갑자기 비가 오거나 물이 차올라 물속에 잠기면 광합성을 못해서 죽는다. 뿌리에서 난 잎은 잎자루가 길고 줄기에서 난 잎은 짧다. 여름부터 가을까지 줄기 끝에 파란 꽃이 모여서 핀다. 꽃이 예뻐서 일부러 심어 기르기도 한다.

한해살이풀
키 10~20cm
꽃 8~9월
열매 10월
특징 스스로 꽃가루받이한다.

물달개비 *Monochoria vaginalis* var. *plantaginea*

물에 사는 달개비라고 '물달개비'다. 물옥잠과 닮았는데 꽃이 더 작고 꽃대가 낮다. 늪이나 논, 도랑에서 자라는 한해살이풀이다. 볕이 잘 드는 얕은 물이나 물 가장자리에서 여러 포기가 자란다. 논에 한번 나면 걷잡을 수 없이 퍼져서 골칫거리다. 온몸이 매끄럽고 윤기가 난다. 뿌리에서 잎이 곧장 나고, 물 깊이에 따라 잎자루가 길거나 짧다. 한여름에 꽃대가 올라와서 파란 꽃이 핀다. 잎자루보다 꽃대가 낮아서 꽃이 잘 안 보인다.

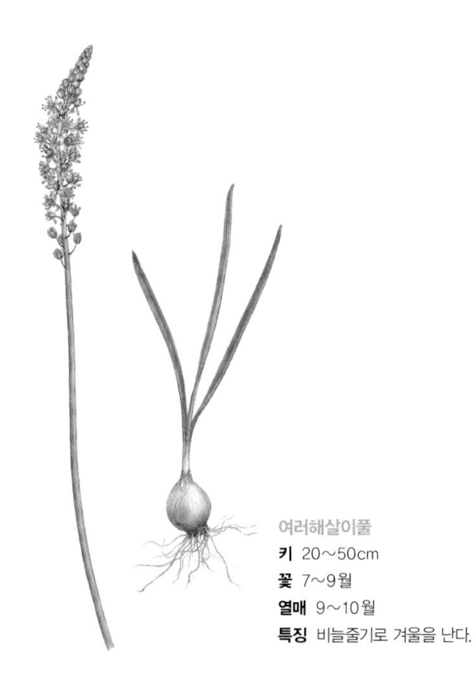

여러해살이풀
키 20~50cm
꽃 7~9월
열매 9~10월
특징 비늘줄기로 겨울을 난다.

무릇 물굿, 물구지 *Scilla scilloides*

무릇은 낮은 산이나 밭둑, 길가에서 자라는 여러해살이풀이다. 기름지고 촉촉한 땅을 좋아한다. 양파처럼 생긴 비늘줄기로 겨울을 난다. 봄에 비늘줄기에서 기다란 잎이 두 장 올라온다. 줄기는 따로 없다. 봄에 나온 잎은 여름에 시들고 가을에 다시 잎이 두 장 올라온다. 7~9월에 꽃이 피는데 이때쯤 잎이 다 시들어서 꽃대만 덩그러니 올라오기도 한다. 원뿔 모양 꽃차례에서 연한 보랏빛 꽃들이 다닥다닥 붙어서 핀다. 어린잎은 여러 번 데쳐서 아린 맛을 우려내고 먹는다.

풀 더 알아보기

우리 땅에 자라는 풀

우리는 둘레에서 흔하게 풀을 볼 수 있다. 산이나 들에도 많고, 집 둘레나 길가에도 흔하다. 돌담 밑이나 보도블록 사이에서도 고개를 내밀고 있다. 손바닥만 한 작은 풀부터 사람 키보다 큰 풀까지 저마다 생김새가 다른 풀들이 어울려 자란다.

다른 나라에서 들어와 우리 땅에 살게 된 풀도 있다. 먹을거리나 물건을 다른 나라에 팔거나 사 오는 일이 많아지면서 수많은 풀씨가 우리나라에 들어오기도 하고 다른 나라로 퍼져 나가기도

한다. 이렇게 들어와 살게 된 풀이 어림잡아 300종쯤 된다. 나라마다 사는 풀이 다르지만 이렇게 퍼지면서 섞이고 있다.

철 따라 나는 풀

우리나라는 계절이 뚜렷해서 철마다 나는 풀이 다르다. 봄부터 가을까지 많은 풀들이 피고 진다. 꿋꿋하게 추위를 견디면서 한 겨울을 나는 풀도 있다. 우리 땅에 사는 풀은 봄부터 여름 사이에 잘 자라는데, 비가 많이 오고 날씨가 더운 여름에는 하루가 다르

게 쑥쑥 자란다. 또 높은 산등성이나 추운 북쪽보다 따뜻한 남쪽 들판에서 더 잘 자란다.

쪽으로 물들인 천

부들로 만든 부채

여치 집

오이풀 약재

도꼬마리 약재

풀로 만든 것들

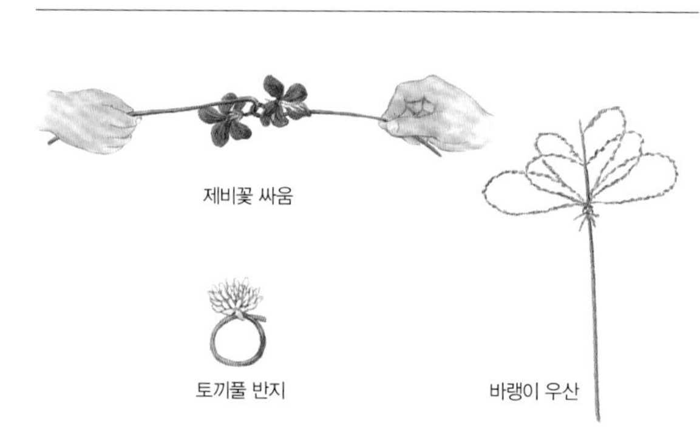

제비꽃 싸움

토끼풀 반지

바랭이 우산

풀로 하는 놀이

풀이 하는 일

식물은 광합성을 하면서 산소를 내뿜는다. 산소가 있어서 우리가 숨 쉬고 살아갈 수 있다. 풀은 비가 오면 물을 머금어 홍수를 막고, 땅속으로 뿌리를 깊게 내리고 넓게 퍼져 흙이 빗물에 쓸려가지 않게 한다.

풀은 동물들에게 좋은 먹잇감이다. 소나 말, 토끼, 사슴 같은 동물이 풀잎이나 줄기를 뜯어 먹고 뿌리도 캐 먹는다. 들쥐나 다람쥐, 새는 열매와 씨를 먹고 산다.

여러 가지 풀이 덤부렁듬쑥 자란 풀숲은 여러 동물이 어울려 살아가는 집이다. 곤충 애벌레는 풀잎을 갉아 먹고 벌과 나비는 꽃에서 꿀을 빨아 먹으면서 꽃가루받이를 돕는다. 들쥐와 새는 풀숲에 둥지를 틀고 새끼를 친다. 이렇게 여러 동물은 풀숲에서 먹이를 먹고, 몸을 숨기고, 잠을 자고, 알이나 새끼를 낳아 기른다. 동물이 누는 똥은 땅을 기름지게 해서 풀이 잘 자라게 한다. 이렇게 풀과 동물은 서로 도우면서 살아간다.

우리 겨레는 오랜 옛날부터 풀을 베어 집짐승을 먹이고 살림살이를 만들었다. 집을 지을 때 풀로 지붕을 엮고 벽을 칠 때도 풀을 섞었다. 또 옷감과 돗자리를 짜고 물감을 뽑았다. 풀을 베어다 두엄을 만들어 논밭에 뿌리면 곡식이 더 잘 자란다. 풀에 들어 있는 약효를 알아내서 병을 고치고, 산과 들에 자라는 맛있는 풀을 뜯어서 나물로 먹는다.

꽃 꽃잎이 암술과 수술을
지킨다. 암술과 수술이
꽃가루받이를 해서 씨앗을
만든다.

열매 씨앗이 들어 있다.
씨앗을 지키고 멀리 퍼지게
한다.

잎 광합성을 해서 풀이
살아가는데 필요한 영양분을
만든다. 숨쉬기와 김내기도
한다.

줄기 뿌리에서 빨아들인
물과 양분을 잎으로 보낸다.
잎과 꽃이 달리는 기둥
노릇을 한다.

뿌리 땅속에 단단히 박혀
줄기가 잘 설 수 있게 한다.
땅속에 있는 물과 양분을
빨아들인다.

자운영 생김새

풀 생김새

풀은 땅에 뿌리를 박고 땅 위로 줄기와 잎을 뻗는다. 뿌리는 땅 속으로 뻗으면서 흙 속에 있는 물과 양분을 빨아들인다. 줄기는 뿌리와 잎을 이어주고 양분과 물이 오르락내리락한다. 줄기는 꼿꼿이 서서 자라거나 땅을 기면서 자란다. 줄기에는 잎이 달린다. 잎은 저마다 달린 개수나 생김새가 다르다.

풀은 자손을 퍼트리려고 꽃을 피운다. 꽃은 줄기에 달리는데 뿌리에서 바로 나오기도 한다. 꽃은 저마다 빛깔과 생김새가 다르다. 꽃잎은 하나로 붙어 있기도 하고 여러 장 붙기도 한다.

열매도 여러 가지 모양으로 달린다. 동글동글 하거나 꼬투리로 달리거나 이삭으로 달리거나 겉에 가시가 나기도 한다. 또 물렁물렁한 열매도 있고 딱딱한 열매도 있다. 열매 안에는 씨앗이 들어 있다. 씨앗은 거의 작고 단단한데 아주 작은 것도 있고 꽤 큰 것도 있다. 솜털이 달려서 바람에 날리거나 열매가 터지면서 퍼지기도 하고 사람 옷이나 짐승 몸에 붙어 퍼지기도 한다.

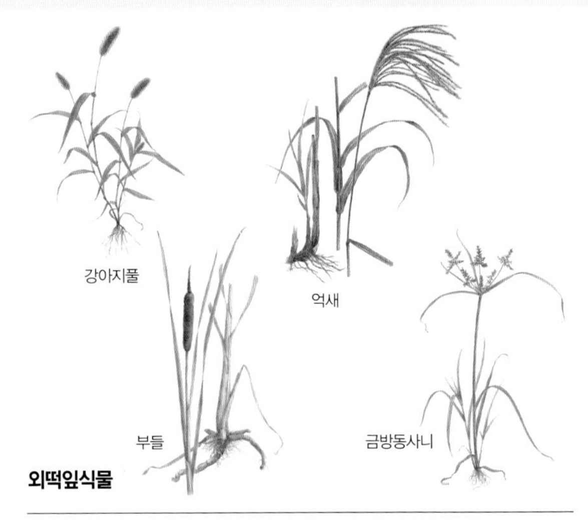

외떡잎식물

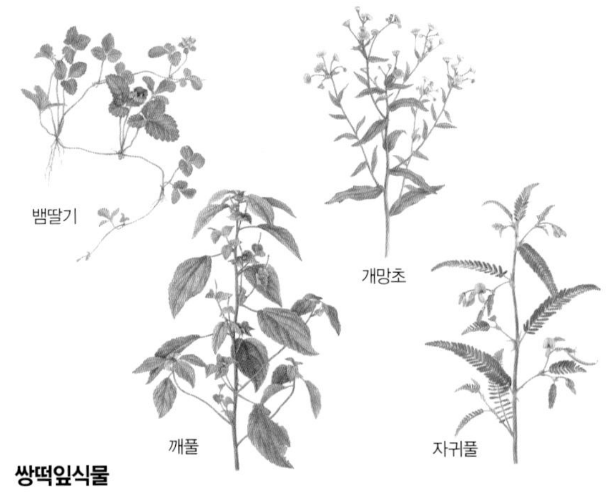

쌍떡잎식물

외떡잎식물과 쌍떡잎식물

식물은 외떡잎식물과 쌍떡잎식물로 나뉜다. 외떡잎식물은 씨앗에서 싹이 틀 때 떡잎이 한 장 나오고, 쌍떡잎식물은 두 장 나온다. 외떡잎식물과 쌍떡잎식물은 자라면서 생김새가 뚜렷하게 달라진다.

외떡잎식물은 뿌리가 수염뿌리고, 줄기 속에는 물관과 체관이 이리저리 흩어져 있다. 부름켜가 없어서 줄기가 굵어지지 않는다. 잎은 가늘고 긴데 잎맥이 나란히맥이고 잎자루가 없다. 꽃은 꽃잎과 꽃받침이 없고 수술이 암술보다 세 배쯤 많다.

쌍떡잎식물은 뿌리가 곧은뿌리로 굵은 원뿌리에 곁뿌리가 달린다. 줄기 속 관다발은 둥근 고리 꼴로 가지런히 모여 있고 부름켜가 있어서 줄기가 점점 굵어진다. 잎자루가 있고 잎맥은 얼기설기 뻗은 그물맥이다. 꽃은 꽃잎과 꽃받침이 있고 암술과 수술이 뚜렷하게 나누어져 잘 보인다.

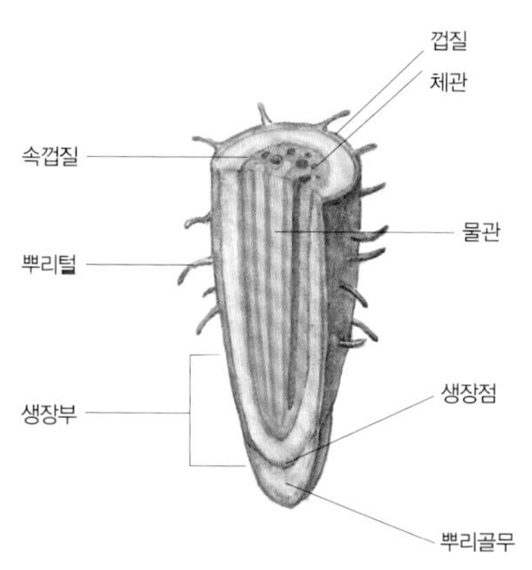

뿌리 속 생김새

곧은뿌리

엉겅퀴 고들빼기 제비꽃 토끼풀

수염뿌리

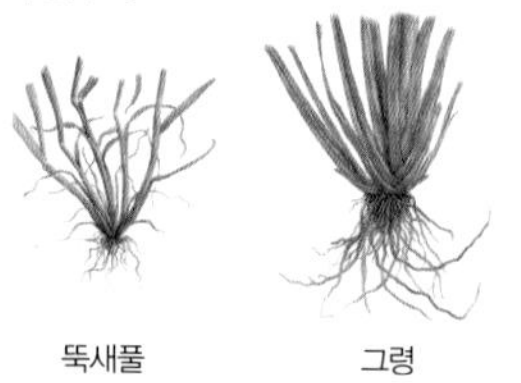
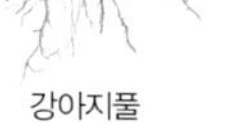

뚝새풀 그령 강아지풀 개피

뿌리

뿌리는 땅속으로 뻗어서 흙 속에 있는 물과 양분을 빨아들인다. 또 줄기가 쓰러지지 않게 땅에 굳게 박혀 버팀목이 된다. 잎에서 광합성으로 영양분을 만들면 뿌리에 모아 두어서 겨울을 나고 새싹을 틔울 힘을 키운다. 또 흙 속에 있는 공기로 숨을 쉰다.

뿌리는 곧은뿌리와 수염뿌리가 있다. 곧은뿌리는 굵고 튼튼한 원뿌리에 가는 곁뿌리가 잔뜩 나온다. 쌍떡잎식물은 곧은뿌리를 내린다. 수염뿌리는 가는 뿌리들이 수염처럼 휘뚜루마뚜루 난다. 외떡잎식물이 수염뿌리를 내린다.

이렇게 식물에 따라 뿌리 모양이 다른 것은 사는 꼴이 다르기 때문이다. 쌍떡잎식물은 여러해살이가 많지만 외떡잎식물은 한해살이가 많다. 여러해살이풀은 오래 살기 때문에 뿌리를 땅속 깊이 내리고 굵게 자란다. 뿌리를 굵게 살찌워서 영양분을 모아 두어야 겨울을 나고 이듬해 싹을 틔울 수 있다. 한해살이풀은 한 해만 살고 씨앗을 맺고 죽기 때문에 뿌리를 깊게 내리기보다는 얕고 넓게 내리는 것이 이롭다. 물과 양분을 짧은 기간에 많이 빨아들이느라 뿌리를 한꺼번에 여러 가닥으로 뻗는다. 그래서 가는 뿌리가 수염처럼 휘뚜루마뚜루 뻗는다.

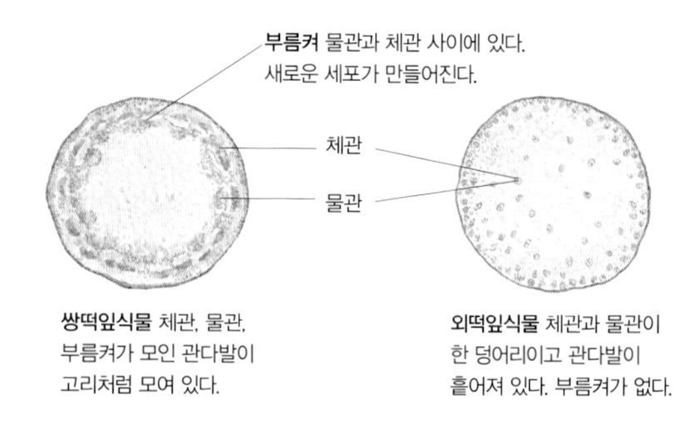

쌍떡잎식물 체관, 물관, 부름켜가 모인 관다발이 고리처럼 모여 있다.

외떡잎식물 체관과 물관이 한 덩어리이고 관다발이 흩어져 있다. 부름켜가 없다.

줄기 속 생김새

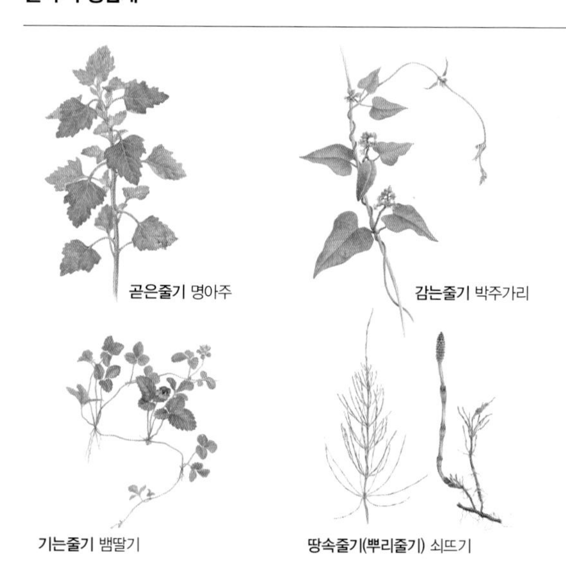

곧은줄기 명아주

감는줄기 박주가리

기는줄기 뱀딸기

땅속줄기(뿌리줄기) 쇠뜨기

줄기

줄기는 뿌리에서 나와 뿌리와 잎을 이어 주고 꽃과 열매가 달린다. 줄기에는 물관과 체관이 있다. 뿌리에서 빨아들인 물과 양분은 물관을 따라 잎으로 가고, 잎에서 광합성으로 만든 영양분이 체관을 따라 뿌리로 간다.

풀은 저마다 줄기 생김새가 다르다. 줄기가 위로 꼿꼿하게 자라는 곧은줄기는 굵고 단단하다. 명아주나 소리쟁이 따위가 곧은줄기 풀이다. 풀이 우거진 곳에서는 햇빛을 더 많이 받으려고 줄기가 더 높게 자란다.

감는줄기는 둘레에 있는 나무나 풀을 감고 오르면서 자란다. 줄기가 가늘고 부드러워서 이리저리 잘 휜다. 굵어지지 않아도 되니까 더 빨리 자란다. 둘레에 기댈 것이 있으면 높이 올라가고 기댈 것이 없으면 땅 위로 뻗는다. 메꽃이나 돌콩, 박주가리 같은 풀이 감는줄기 풀이다.

기는줄기는 위로 안 자라고 옆으로 뻗으면서 새로운 줄기와 뿌리가 나온다. 줄기가 끊어져도 곧 새 뿌리를 내린다. 뱀딸기나 토끼풀, 잔디 같은 풀이 기는줄기 풀이다.

땅속줄기는 줄기가 땅속에 있다. 땅속줄기에는 뿌리줄기, 비늘줄기, 덩이줄기, 알줄기 따위가 있다. 뿌리줄기는 줄기가 땅속으로 뻗으면서 새로운 뿌리와 싹을 낸다. 쇠뜨기와 쑥이 뿌리줄기 풀이다. 비늘줄기, 덩이줄기, 알줄기는 영양분을 담아 두려고 줄기가 굵어졌다. 양파와 무릇이 비늘줄기, 생강이 덩이줄기, 감자가 알줄기 풀이다.

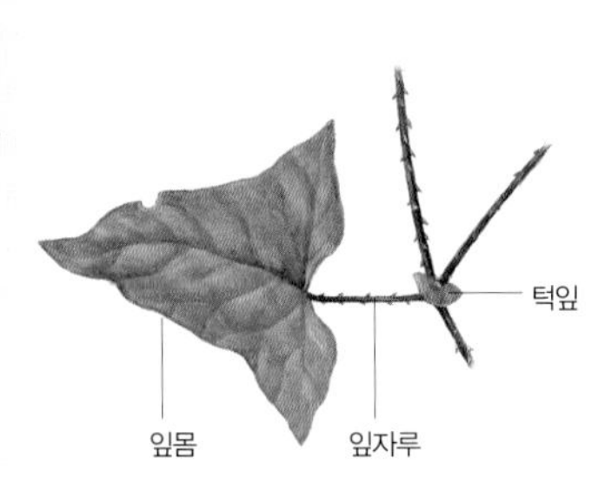

쌍떡잎식물 며느리밑씻개

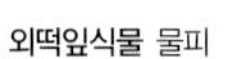

외떡잎식물 물피

잎 생김새

그물맥 미국자리공
쌍떡잎식물은 잎자루가 있고 잎맥이 그물처럼 뻗어 있다.

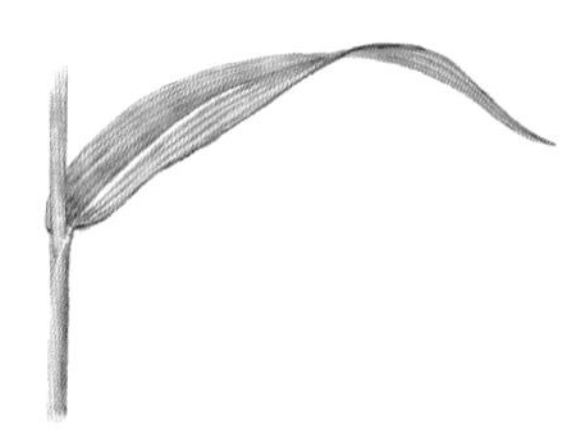

나란히맥 강아지풀
외떡잎식물 잎은 끈처럼 길쭉하고 잎맥이 나란히 나 있다. 잎자루가 없는 대신 잎집이 줄기를 감싸면서 난다.

잎맥 생김새

잎

잎은 잎몸, 잎자루, 턱잎으로 이루어져 있다. 줄기에서 잎자루가 나와 잎이 달린다. 턱잎은 잎자루 밑에 붙어서 어린눈이나 잎을 보호한다. 외떡잎식물에는 턱잎이 없다. 잎몸은 껍질과 잎살, 잎맥으로 이루어진다. 껍질은 잎살과 잎맥을 보호한다. 숨구멍이 있어서 공기를 빨아들이거나 내보내고 물도 내보낸다. 잎살에는 광합성을 하는 엽록체가 있다. 잎맥은 물관과 체관으로 이루어져 있고 줄기와 뿌리로 이어진다.

식물은 사는 데 필요한 영양분을 스스로 만들어 낸다. 뿌리로 물과 양분을 빨아들여서 줄기를 거쳐 잎으로 보내면 잎에서 햇빛을 받아 물과 양분과 이산화탄소로 영양분을 만든다. 이렇게 햇빛을 받아 영양분을 만드는 것을 '광합성'이라고 한다.

풀은 흐린 날이나 밤에는 산소를 마시고 이산화탄소를 내보낸다. 이것을 '숨쉬기'라고 한다. 풀잎 뒤쪽에는 공기가 드나드는 작은 숨구멍이 많다. 숨쉬기할 때는 영양분을 쓴다.

뿌리에서 빨아들인 물은 광합성과 숨쉬기를 할 때 김이 되어 밖으로 나간다. 이렇게 물을 내보내서 몸속에 들어 있는 물 양과 온도를 고르게 하고 뿌리가 물을 빨아들이는 힘을 세게 만든다. 이것을 '김내기'라고 한다. 풀은 춥거나 더울 때 김내기를 많이 한다.

홑잎과 겹잎

잎자루에는 잎이 하나 달리기도 하고 여러 장이 달리기도 한다. 하나만 달리는 잎을 '홑잎', 여러 장이 달리면 '겹잎'이라고 한다. 자귀풀 잎은 겹잎인데 잎자루 하나에 작은 쪽잎이 줄지어 달린다. 냉이나 쑥, 지칭개 잎은 홑잎이지만 깊게 패서 겹잎처럼 보인다. 이렇게 생긴 잎을 새 깃털처럼 생겼다고 '깃꼴잎'이라고 한다.

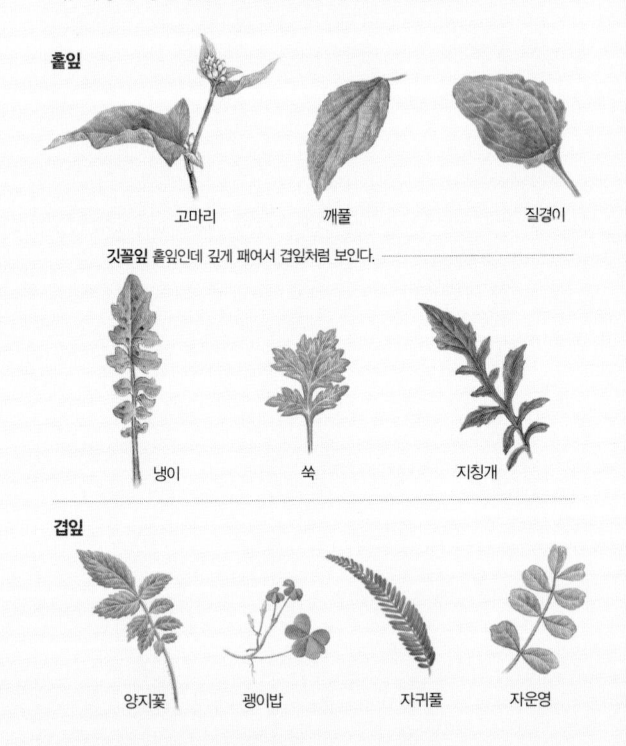

잎차례

잎이 줄기에 달리는 모양을 '잎차례'라고 한다. 잎차례는 풀마다 다르다. 밭둑외풀이나 가막사리는 잎이 줄기 마디에서 마주난다. 개망초는 잎이 어긋나게 달리고, 갈퀴덩굴이나 돌나물은 여러 잎이 마디에서 둥글게 돌려난다. 질경이나 고들빼기는 뿌리에서 잎이 뭉쳐 나온다.

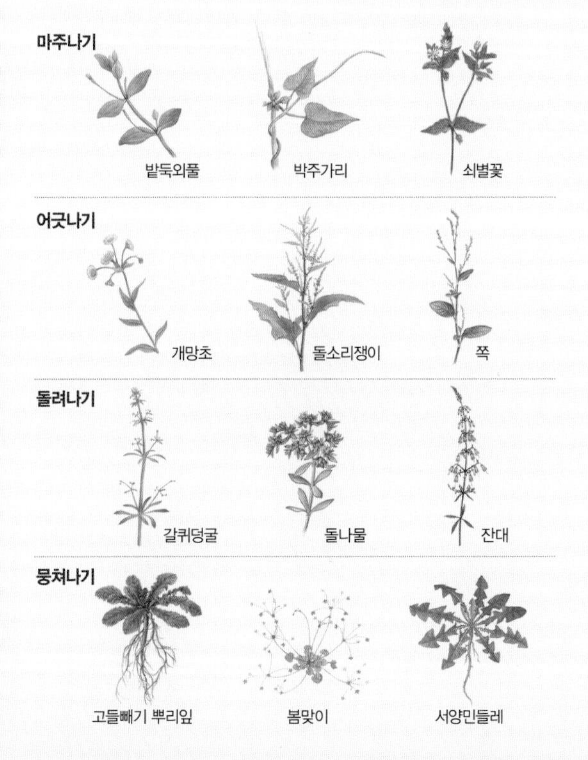

꽃

꽃은 꽃잎, 꽃받침, 암술, 수술로 이루어진다. 네 가지가 모두 있으면 '갖춘꽃'이고 하나라도 없으면 '안갖춘꽃'이다. 꽃받침은 꽃을 받치고 보호한다. 꽃잎은 암술과 수술을 보호한다. 수술에는 수술대와 수술머리가 있다. 수술머리에 있는 꽃가루주머니에서 꽃가루가 만들어진다. 암술은 암술대와 암술머리, 씨방으로 이루어진다. 암술대 아래에 씨방이 있고 암술대 위에는 암술머리가 있다.

꽃 속 생김새

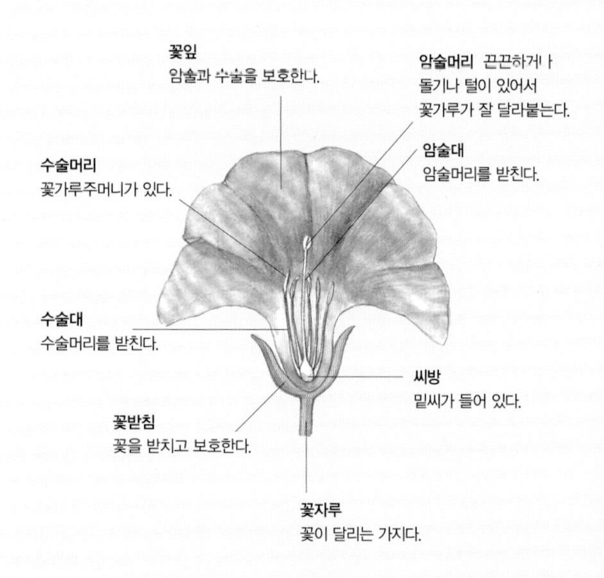

통꽃과 갈래꽃

꽃은 꽃잎 생김새에 따라 통꽃과 갈래꽃으로 나뉜다. 메꽃이나 잔대처럼 꽃잎이 나팔처럼 통으로 붙어 있는 꽃을 '통꽃'이라고 한다. 물질경이나 가락지나물처럼 꽃잎이 하나하나 떨어져 여러 장 붙은 꽃을 '갈래꽃'이라고 한다. 통꽃인데도 꽃잎 가장자리가 갈라져 갈래꽃처럼 보이는 꽃도 있다. 큰개불알풀은 꽃잎이 네 갈래로 갈라져서 갈래꽃처럼 보이지만 아래쪽이 붙은 통꽃이다. 또 민들레나 엉겅퀴, 쑥부쟁이 같은 꽃도 꽃잎처럼 보이는 하나하나가 모두 암술과 수술을 가진 통꽃이다. 이런 꽃들은 작은 통꽃이 수없이 뭉쳐 있어서 한 송이처럼 보인다.

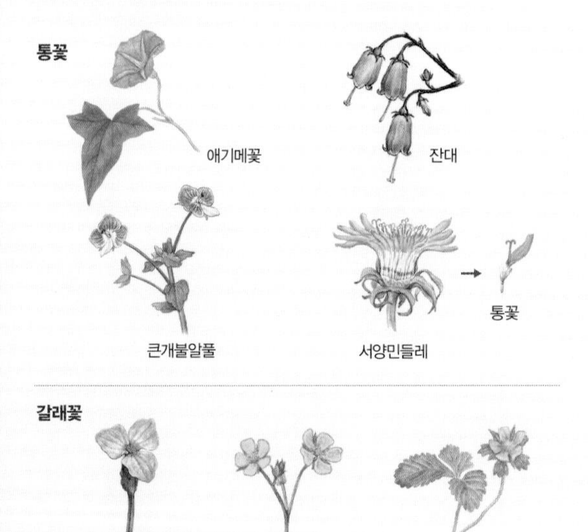

한살이

풀은 꽃을 피우고 열매를 맺고 씨앗을 퍼트리며 사는 모습에 따라서 한해살이풀과 여러해살이풀로 나눈다. 한해살이풀에는 여름을 나는 한해살이풀과 겨울을 나는 한해살이풀이 있다. 여름을 나는 한해살이풀은 봄에 싹이 터서 여름부터 가을까지 꽃이 피고 열매를 맺는다. 겨울을 나는 한해살이풀은 가을에 싹이 터서 겨울을 난 뒤 이듬해에 꽃이 핀다. 겨울에는 땅바닥에 납작

붙어서 추위를 견딘다. 여러해살이풀은 겨울에도 뿌리가 살아남아서 이듬해 다시 싹이 돋는다. 땅속에서 뿌리줄기나 덩이줄기를 만들고 어린 씨눈을 만들어 이듬해 봄에도 싹이 터서 여러 해를 산다.

싹트기

봄이 되어 날이 풀리면 씨앗은 싹틀 준비를 한다. 싹이 트는데 필요한 영양분은 씨앗 속에 들어 있다. 여기에 알맞은 온도와 습도, 산소와 빛이 있으면 싹이 돋는다. 알맞은 물기를 머금으면 껍질이 부드러워지고 안에서는 싹이 생긴다. 씨앗 속에서 생긴 싹과 뿌리는 점점 자라서 부드러워진 껍질을 뚫고 나온다. 씨앗이 봄이나 가을에 싹이 트는 것은 온도 때문이다. 싹 트기 좋은 온도는 10~15℃이다. 너무 춥거나 더우면 싹이 안 튼다. 또 햇빛을 충분히 받아야 한다.

서양민들레 싹트는 모습

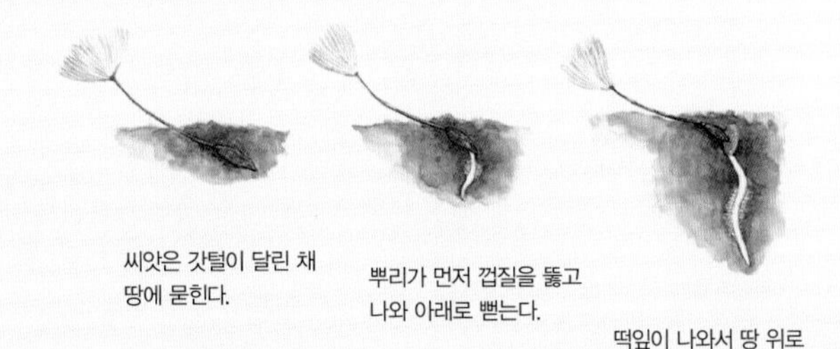

씨앗은 갓털이 달린 채 땅에 묻힌다.

뿌리가 먼저 껍질을 뚫고 나와 아래로 뻗는다.

떡잎이 나와서 땅 위로 올라갈 준비를 한다.

자라기

싹이 트면서 나온 뿌리와 줄기, 어린잎은 씨젖에 있는 양분으로 얼마 동안 자란다. 씨젖에 들어 있는 양분을 다 쓰면 뿌리에서 빨아들인 물과 양분으로 광합성을 해서 살아갈 영양분을 만든다.

자라면서 뿌리를 점점 더 깊이 내리고 원뿌리에서 곁뿌리가 여러 갈래로 뻗는다. 줄기는 길게 뻗다가 점점 굵어진다. 줄기가 여러 개 더 나오기도 하고 자라면서 가지를 치기도 한다. 잎은 커지고 새 잎이 돋는다. 잎 빛깔도 짙어진다.

이렇게 풀이 자라는 것은 뿌리 끝과 줄기 끝에 '생장점'이 있기 때문이다. 이곳에서 세포를 만들면서 뿌리는 점점 더 땅속으로 깊이 파고들고 줄기는 위로 뻗어 올라간다.

서양민들레 자라는 모습

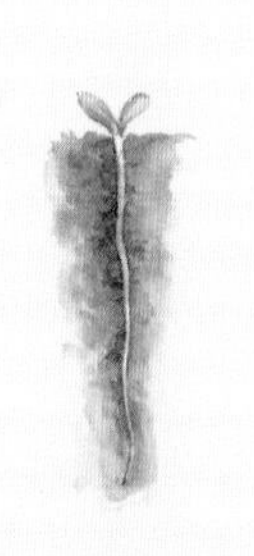

떡잎은 땅 위로 올라오고 뿌리는 더 깊이 뻗는다.

곁뿌리가 나오고 본잎이 여러 장 난다.

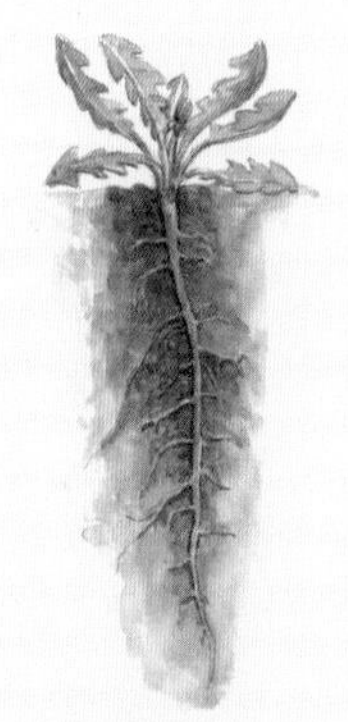

뿌리가 굵어지고 곁뿌리가 많아진다. 잎이 커지고 꽃대가 올라온다.

꽃 피우기

풀은 자손을 남기려고 꽃을 피우고 열매는 맺는다. 꽃은 줄기 끝에 달리거나 꽃자루 끝에 달린다. 꽃자루는 뿌리에서 바로 나기도 하고 잎겨드랑이에서 올라오기도 한다. 꽃을 감싸고 있던 꽃덮개가 열리고 꽃잎을 펼치면 안에 있던 암술과 수술이 드러난다.

씨앗을 맺으려면 수술에 있는 꽃가루가 암술머리에 묻어야 한다. 이것을 '꽃가루받이'라고 한다. 풀은 스스로 꽃가루받이를 할 수 없어서 바람이나 곤충, 동물 도움을 받는다. 벌이나 나비 같은 곤충 도움으로 꽃가루받이를 하는 풀은 꽃 빛깔이 알록달록 곱고 좋은 냄새가 나고 꿀샘이 있어서 곤충을 꾄다. 바람으로 꽃가루받이를 하는 꽃은 꽃가루를 아주 많이 만든다. 새나 동물이 꽃가루를 옮기기도 하고 물에 떠다니다가 암술머리에 붙기도 한다. 수술에 있는 꽃가루가 암술머리에 붙으면 대롱을 만들면서 암술대 속으로 점점 파고든다. 씨방까지 들어가서 밑씨를 만나면 씨앗을 맺는다.

서양민들레 꽃 피는 모습

꽃대가 올라오고 동그란 꽃봉오리가 생긴다.

꽃대가 더 높이 자라고 꽃망울을 터뜨린다.

꽃덮개가 다 젖혀지고 꽃이 활짝 피면 벌과 나비가 날아든다.

열매 맺기

꽃가루받이가 끝나면 꽃이 지고 열매를 맺는다. 암술대 밑에 있는 씨방에서 씨앗이 될 밑씨가 자란다. 씨방은 자라서 열매가 되고 씨를 품는다. 열매는 씨앗을 보호하고 씨앗이 널리 퍼지게 돕는다.

풀은 저마다 다르게 생긴 열매를 맺는다. 까마중 열매는 동그랗고 물렁하다. 돌콩은 열매가 꼬투리로 여무는데 속에 씨앗인 콩알이 들어 있다. 도깨비바늘 열매는 겉에 씨가 붙어 있다. 바랭이와 금방동사니는 꽃이삭이 피고 열매도 이삭으로 맺는다.

꽃받침은 꽃잎과 함께 시들지만 씨방 대신 자라서 열매가 되기도 한다. 뱀딸기는 꽃받침이 자라서 열매가 된다. 서양민들레 꽃받침은 씨앗에 붙어 있는 갓털로 바뀐다.

서양민들레 열매 맺는 모습

꽃가루받이가 되면 꽃덮개가 다시 꽃송이를 덮고 그 안에서 씨앗과 갓털이 자란다.

씨앗과 갓털이 다 자라면 꽃덮개가 열린다.

꽃덮개가 벌어지면서 갓털을 조금씩 펼친다.

갓털을 활짝 펴고 씨앗이 날아갈 준비를 한다.

서양민들레 씨앗

박주가리 씨앗

바람에 날리는 씨앗

도꼬마리 씨앗과
도깨비바늘 씨앗

가막사리 씨앗

짐승이나 사람 옷에 붙어서 퍼지는 씨앗

제비꽃 열매껍질이 마르면서
안에 있던 씨앗이 튕겨 나간다.

새팥 꼬투리는 다 익으면
비틀리면서 씨앗을 튕긴다.

열매가 터지면서 퍼지는 씨앗

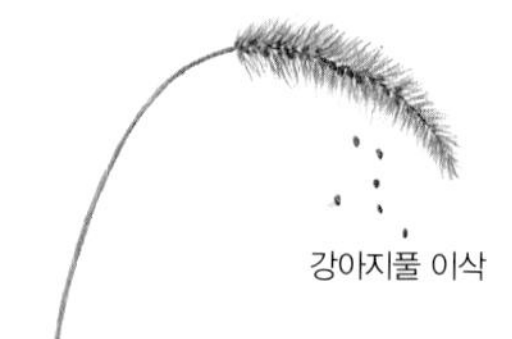

강아지풀 이삭

금방동사니 이삭

아래로 쏟아지는 씨앗

씨앗 퍼뜨리기

식물은 스스로 움직일 수 없어서 씨앗을 퍼뜨리려면 바람이나 물, 곤충, 동물 도움을 받아야 한다. 풀은 씨앗이 다 여물면 여러 가지 방법으로 씨앗을 퍼뜨린다.

서양민들레, 박주가리, 억새, 부들 씨앗은 가볍고 털이 있어서 바람을 타고 멀리 날아간다. 물속에서 사는 검정말이나 물질경이 같은 물풀은 씨앗이 가벼워서 물에 동동 뜬다. 그래서 빗물이나 냇물을 타고 멀리 퍼진다. 도둑놈의갈고리, 도깨비바늘, 도꼬마리, 가막사리, 쇠무릎 씨앗은 갈고리나 가시가 있거나 끈끈해서 짐승 털이나 사람 옷에 붙어서 퍼진다. 제비꽃이나 괭이밥, 냉이, 이질풀은 열매가 바짝 마르면 폭탄처럼 터지면서 멀리 튕겨 나간다. 달개비는 열매 뚜껑이 열리면서 가까운 곳에 쏟아져 흩어지고, 강아지풀은 다 여문 이삭이 바람에 흔들리면서 씨앗이 이리저리 떨어진다. 곤충이나 짐승 먹이가 되어서 퍼지는 것도 있다. 제비꽃 씨앗은 단맛이 나는 알갱이가 붙어 있다. 개미가 가져다가 단 것만 먹고 버려서 멀리 퍼진다.

고들빼기 어린잎
배암차즈기 어린잎
서양민들레 어린잎
달맞이꽃 어린잎

겨울나기

겨울이 오면 풀은 죽거나 뿌리만 살아서 겨울을 난다. 한해살이풀은 가을에 씨앗을 남긴 뒤 겨울에는 시들어 말라 버린다. 하지만 가을에 싹이 터서 겨울을 나는 한해살이풀도 있다. 가을에 돋아난 싹은 땅바닥에 납작 붙어서 추위를 견딘다. 이듬해 봄에 꽃이 피어 씨앗을 맺으면 씨앗은 무더운 여름을 지내고 가을에 다시 싹이 튼다. 고들빼기, 냉이, 꽃다지, 벼룩나물, 달맞이꽃 따위가 겨울을 나는 한해살이풀이다.

여러해살이풀은 씨앗을 맺기도 하지만 줄기나 뿌리에 겨울눈을 내어 겨울을 나고 이듬해 봄에 싹이 터서 자란다. 영양분을 뿌리에 잔뜩 갈무리하거나 비늘줄기나 덩이줄기를 만들기도 한다. 겨울눈은 차가운 바람을 덜 맞으려고 땅바닥에 붙어 있거나 땅속에 들어 있다. 쑥, 괭이밥, 쇠뜨기, 토끼풀, 잔디는 뿌리나 땅속줄기에 붙은 눈으로 겨울을 난다.

찾아보기

학명 찾아보기

S

T

V

X

Z

우리말 찾아보기

다

라

마

바

사

카

타

하

참고한 책

《대한식물도감 상, 하》 이창복, 1993

《들꽃, 산꽃을 찾아서》 백영웅, 아카데미서적, 1995

《땅에서 하늘로 식물들의 여행》 안네 묄러, 웅진북스, 2002

《무슨 꽃이야?》 전의식 외, 보리출판사, 2003

《무슨 풀이야?》 전의식 외, 보리출판사, 2003

《민들레 운동》 정영호, 웅진출판주식회사, 1998

《민들레》 신현철, 웅진닷컴, 2003

《민들레》 히라야마 가즈코, 시공주니어, 2003

《보리 국어사전》 윤구병 외, 보리출판사, 2008

《세밀화로 그린 보리 어린이 식물 도감》 보리출판사, 1997

《봄·여름·가을·겨울 식물일기》 하니 샤보오, 진선출판사, 1997

《봄·여름·가을·겨울 야생화일기》 송기엽, 이영노, 진선출판사, 2002

《사계절 생태놀이》 붉나무, 돌베개어린이, 2005

《산나물 들나물》 권영한, 김철영, 전원문화사, 1994

《숲해설 아카데미》 '생명의 숲' 숲해설 교재편찬팀, 현암사, 2005

《쉽게 키우는 야생화》 김태정, 강은희, 현암사, 2002

《식물 관찰 도감》 윤주복, 진선출판사, 2002

《식물 이름 찾기》 고경식, 전의식, 경원출판사, 1995

《식물 학교에 오세요!》 김성화, 권수진, 이민하, 북멘토, 2006

《식물의 세계》 아름드리, 1995

《식물학습도감》 이지열, 예림당, 1997

《신기한 식물일기》 크리스티나 비외르크, 레나 안데르손, 미래사, 1994

《씨의 여행》 정영호, 웅진출판주식회사, 1988

《야생화 쉽게 찾기》 송기엽, 윤주복, 진선출판사, 2003

《어린이 식물도감》 김태정, 예림당, 1992

《우리가 정말 알아야 할 우리 꽃 백 가지》 김태정, 현암사, 1990

《잡초-단자엽류》 양환승, 김동성, 박수현, 이전농업자원도서, 2004

《잡초-이판화류》 양환승, 김동성, 박수현, 이전농업자원도서, 2004

《잡초-합판화류》 양환승, 김동성, 박수현, 이전농업자원도서, 2004

《재미있는 우리 꽃 이름의 유래를 찾아서》 허북구, 박석근, 중앙생활사, 2002

《창씨개명 된 우리 풀꽃》 이윤옥, 인물과사상사, 2015

《풀꽃 친구야 안녕》 이영득, 황소걸음, 2004

《풀들의 전략》 아나가키 히데히로, 미카미 오사무, 도솔오두막, 2006

《한국 식물명의 유래》 이우철, 일조각, 2005

《한국산 사초과 식물》 오용자, 성신여자대학교 출판부, 2000

《한국야생화》 김태정, 국일미디어, 1996

《한국의 귀화식물》 김준민, 임양재, 전의식, 사이언스북스, 2000

《한국의 야생화》 김태정, 교학사, 1993

《한국의 잡초도감》 구자옥, 한국농업시스템학회, 2002

그린이

안경자 1965년 충북 청원에서 태어나 덕성여자대학교에서 서양화를 공부했다. 《무슨 풀이야?》, 《무슨 꽃이야?》에 세밀화를 그렸고 《풀이 좋아》를 쓰고 그렸다.

송인선 1966년 서울에서 태어나 서울산업대학교 응용회화과에서 공부했다. 《무슨 풀이야?》, 《무슨 꽃이야?》에 세밀화를 그렸다

박신영 1970년 대전에서 태어나 이화여자대학교에서 서양화를 공부했다. 《무슨 풀이야?》, 《무슨 꽃이야?》에 세밀화를 그렸고, 《봄 여름 가을 겨울 풀꽃과 놀아요》를 쓰고 그렸다. 2006년에 국립수목원에서 희귀 식물을 세밀화로 그렸다.

이원우 1964년 인천에서 태어나 추계예술대학교에서 서양화를 공부했다. 《고기잡이》, 《갯벌에 뭐가 사나 볼래요》, 《갯벌에서 만나요》, 《세밀화로 그린 보리 어린이 약초도감》를 그렸다.

장순일 1963년 경북 예천에서 태어나 덕성여자대학교에서 서양화를 공부했다. 《무슨 풀이야?》, 《무슨 꽃이야?》에 세밀화를 그렸고, 《고사리야 어디 있냐?》, 《도토리는 다 먹어》를 그렸고, 《호미 아줌마랑 텃밭에 가요》를 쓰고 그렸다.

윤은주 1964년 서울에서 태어나 홍익대학교에서 서양화를 공부했다. 《무슨 나무야?》, 《무슨 풀이야?》, 《무슨 꽃이야?》에 세밀화를 그렸다.

글쓴이

김창석 1965년 전남 고흥에서 태어나 전남대학교 농과대학 농학과에서 공부했다. 1993년부터 농업과학기술원에서 연구사로 일하면서 식물을 연구하고 있다. 《한국의 밭 잡초》(공저), 《외래 잡초 종자도감》(공저), 《한국의 잡초도감》(공저)들을 냈다.